Springer-Verlag Berlin Heidelberg GmbH

Neues
Pharmaceutisches Manual

von

Eugen Dieterich.

Fünfte vermehrte Auflage.

Preis eleg. gebunden M. 12,—.

Mit Schreibpapier durchschossen gebunden M. 14,—.

Zu beziehen durch jede Buchhandlung.

Helfenberger Annalen 1892.

Unter Leitung

von

Dr. Friedrich Schmidt

herausgegeben

von der

Chemischen Fabrik

EUGEN DIETERICH

in

Helfenberg bei Dresden.

Springer-Verlag Berlin Heidelberg GmbH

1893

ISBN 978-3-662-33564-2 ISBN 978-3-662-33962-6 (eBook)
DOI 10.1007/978-3-662-33962-6

Softcover reprint of the hardcover 1st edition 1893

INHALTS-VERZEICHNIS.

Inhalts-Verzeichnis.

VORWORT.

Die wohlwollende Aufnahme und günstige Beurteilung, welche die bisher erschienenen Helfenberger Annalen gefunden haben, veranlassen uns, auch in diesem Jahre mit den nachstehenden Mitteilungen an die Öffentlichkeit zu treten. Dieselben bestehen wieder aus einer Auswahl der, durch die Kontrolle der fertigen Fabrikate und eingehenden Rohprodukte bedingten, laufenden Untersuchungen und aus nur im Interesse der Wissenschaft ausgeführten Arbeiten.

Die Veröffentlichungen von anderer Seite, welche in unser Arbeitsgebiet fallen, haben wir an der Hand von Versuchen auch diesmal einer eingehenden, möglichst objektiven Kritik unterzogen. Eine gleich objektive Beurteilung unserer Veröffentlichungen haben wir aber leider einige Male vermisst. So wurde über schon seit mehreren Jahren von uns angewandte und erprobte Methoden o h n e j e d e B e g r ü n d u n g absprechend geurteilt oder es wurden Gründe gegen dieselben ins Feld geführt, welche ebenfalls schon seit Jahren widerlegt worden waren. Auf die einzelnen Fälle werden wir bei den betreffenden Abschnitten zurückkommen.

Zu unserer Befriedigung traten und treten derartige Stimmen aber immer nur vereinzelt auf. Im allgemeinen bricht sich der schon vor längerer Zeit von uns aufgestellte Grundsatz, dass es notwendig ist, den galenischen Präparaten eine grössere Beachtung zu schenken und dementsprechend für dieselben Prüfungsvorschriften aufzustellen, immer weiter Bahn. Mehr und mehr stimmt man uns bei, dass das Deutsche Arzneibuch seine Anforderungen stellen müsse ohne Rücksicht auf die Leistungsfähigkeit des Apotheken-Laboratoriums oder umgekehrt, dass die höchstmöglichen Leistungen zu fordern seien, gleichgiltig wer sie erfüllt.

Wir erblicken den besten Beweis dafür, dass unsre Bestrebungen anerkannt werden, in der immer stärkeren Inanspruchnahme der hiesigen Fabrik. In welchem Masse dies der Fall ist, dürfte auch das Anwachsen der laufenden Untersuchungen sehr gut veranschaulichen. Im Jahre 1889 schloss das Untersuchungsjournal mit der No. 766, 1891 mit No. 1043 und 1892 mit No. 1200 ab. Besonders die letzteren beiden Zahlen würden noch viel höher sein, wenn nicht häufig aus praktischen Gründen mehrere Öl-, Tamarinden-, Wachs- und andere Untersuchungen unter ein und derselben No. eingetragen worden wären.

Eine eingehendere Berücksichtigung als in dem Deutschen Arzneibuche III hat die Wertschätzung der galenischen Präparate vor allem in der Niederländischen, neuerdings in der Dänischen und, wie verlautet, in der demnächst erscheinenden neuen Schweizer Pharmacopöe gefunden. Die nächste Ausgabe des Deutschen Arzneibuches dürfte sich einem Fortschreiten in dieser Richtung auch kaum entziehen können. Da der praktische Apotheker immer weniger in der Lage sein wird, bei der Darstellung galenischer Präparate mit den Fabriken zu konkurrieren und da er sich in Rücksicht auf die von den Fabriken gebotenen besseren Qualitäten auf den Bezug dieser Präparate angewiesen sieht, so hat er ein gutes Recht, von dem Arzneibuche klare und deutliche Angaben über die Anforderungen, welche an dieselben gestellt werden sollen, zu verlangen. Dass aber z. B. ganz allgemeine Angaben über Farbe und Löslichkeit nicht als klar und deutlich bezeichnet werden können, darüber dürfte kaum ein Zweifel existieren.

Ein zielbewusstes Vorgehen des Arzneibuches in der eben bezeichneten Richtung wird für die deutsche Pharmacie noch insofern einen indirekten, nicht zu unterschätzenden Nutzen haben, als der praktische Apotheker dadurch angeregt wird, sich mehr mit diesem Zweige der pharmaceutisch-chemischen Wissenschaft zu beschäftigen. Da aber die Untersuchungsmethoden der galenischen Präparate in vieler Beziehung denjenigen entsprechen, welche bei der Untersuchung der Nahrungs- und Genussmittel in Betracht kommen — wir erinnern nur an die Bestimmung des Trockenrückstandes, der Asche, des Zuckers, des Alkohols u. s. w. — so wird eine derartige Thätigkeit den Apotheker für das Amt eines Nahrungsmittel-Chemikers, zu welchem er vermöge seiner Ausbildung ganz besonders geeignet ist, noch weiter vorbereiten.

Dies sind ungefähr die Gesichtspunkte, welche uns bei der Abfassung der vorliegenden Annalen geleitet haben.

Mit der Bitte um nachsichtige Beurteilung und in der Hoffnung, dass auch sie zur Förderung der Pharmacie mit beitragen werden, übergeben wir dieselben hiermit der Öffentlichkeit.

Chemische Fabrik in Helfenberg bei Dresden,
Eugen Dieterich.

Acidum oleïnicum crudum.

Im letzten Jahre kamen wieder zahlreiche Proben technischer Ölsäure zur Untersuchung. Die bisher benützten Untersuchungsmethoden
wurden in keiner Weise geändert.

Wir erhielten die nachstehenden Zahlen:

% Ölsäure	Säurezahl	Jodzahl
95,18	189,00	84,16
97,06	192,73	84,59
97,29	193,20	82,23
95,88	190,40	83,83
97,53	193,67	83,73
97,53	193,67	83,87
92,12	182,93	71,81
90,71	180,13	70,31
91,41	181,53	71,09
91,66	182,00	71,65
92,12	182,93	70,55
91,66	182,00	71,61
97,29	193,20	84,57
97,06	192,73	83,74
98,23	195,07	85,44
97,76	194,13	84,03
98,70	196,00	84,57
98,23	195,07	86,18
97,29	193,20	86,13
83,90	166,60	66,25
86,48	171,73	67,42
84,60	168,00	66,31
84,37	167,53	65,79
85,07	168,93	65,03
86,48	171,73	66,23
83,90—98,70	166,60—196,00	65,03—86,18

Im allgemeinen stimmen die in der obigen Tabelle enthaltenen Werte mit den in früheren Jahren erhaltenen ziemlich überein. Eine Ausnahme bilden die niedrigen Jodzahlen der letzten 6 Ölsäureproben, welche einen hohen Gehalt an Stearin- und Palmitinsäure sehr wahrscheinlich machen.

Wir berichteten im vorigen Jahre[*]) über zwei als chemisch rein bezogene Ölsäuren, welche einen Ölsäuregehalt von **97,12** bezw. **65,82** $\%$ und die Jodzahlen **102,83** bezw. **92,09** ergaben. Bei der in diesem Jahre ausgeführten näheren Untersuchung beider Säuren zeigte es sich, dass die erstere

$$3{,}63 \ \% \quad \text{und die andere}$$
$$33{,}29 \ \% \ (!)$$

unverseiftes Fett (als Trioleïn berechnet) enthielt.

Diese traurigen Erfahrungen mit der käuflichen chemisch reinen (!) Ölsäure veranlassten uns, selbst wirklich reine Ölsäure darzustellen. Als Ausgangsmaterial nahmen wir Olivenöl. Wir stellten uns zunächst ein Bleipflaster her, lösten dasselbe in Äther und trennten das Unlösliche von der Lösung durch Filtration. Das klare Filtrat versetzten wir mit Salzsäure, filtrierten das ausgeschiedene Chlorblei ab und trennten den Äther von der Ölsäure durch Destillation. Zur weiteren Reinigung lösten wir die Ölsäure in Ammoniak, fällten mit Chlorbaryum und krystallisierten das Baryumsalz zweimal aus Alkohol um. Das so gereinigte Salz zersetzten wir unter möglichstem Luftabschluss mit Weinsäure. Wir erhielten auf diese Weise eine farblose, klare Flüssigkeit, welche ohne jeden Rückstand verbrannte.

Die Bestimmung der Jodzahl ergab die Werte:
$$\text{I) } 89{,}80 \qquad \text{II) } 90{,}05$$

Theoretisch kann die Ölsäure auf ein Molekül zwei Atome Jod addieren.

$$C^{18}H^{34}O^2 + 2J = C^{18}H^{34}J^2O^2$$
$$282 \qquad 254$$

100 T. Ölsäure vermögen demnach 90,07 T. Jod aufzunehmen.

Die mit der Hübl'schen Jodlösung erhaltene Jodzahl stimmt mit der theoretischen also fast vollständig überein.

Infolgedessen halten wir die Jodzahl in Verbindung mit der Säurezahl für geeignet zur annähernden Bestimmung des Gehaltes der technischen Ölsäure an chemisch reiner Ölsäure.

---

[*]) Helfenberger Annalen 1891, 11.

Nach unseren bisherigen Erfahrungen glauben wir berechtigt zu sein von einer technischen Ölsäure eine zwischen

$$75{,}0 \text{ und } 85{,}0$$

liegende Jodzahl und mindestens die Säurezahl

$$178{,}73 = 90 \,{}^0\!/_0$$

Ölsäure zu verlangen.

Zur weiteren Beurteilung der technischen Ölsäure käme noch die Verseifungszahl (Trioleïngehalt) in Betracht. Über den Wert derselben hoffen wir in den nächsten Annalen ausführlich berichten zu können.

Zur Hübl'schen Jodadditionsmethode.

Seit der Veröffentlichung unserer letzten Arbeit*) über die Hübl'sche Jodadditionsmethode haben Holde**) und Fahrion***) je einen Beitrag zu diesem Thema geliefert.

Holde verteidigt an der Hand verschiedener Versuche mit Leinöl, Mohnöl und Rüböl seine schon früher aufgestellte Forderung, bei der Bestimmung der Jodzahl einen Überschuss von $75\,{}^0\!/_0$ Jod zu verwenden. Fahrion macht darauf aufmerksam, dass die im Überschuss angewandte Jodlösung nicht immer in demselben Masse abnimmt, wie die Hauptlösung, und dass ferner das Chloroform nicht immer indifferent gegen Jodlösung ist. Ferner glaubt er annehmen zu dürfen, dass die nach der Hübl'schen Methode erhaltenen Jodzahlen gewöhnlich höher liegen, als die durch das wirkliche Jodadditionsvermögen der Öle bedingten Zahlen.

Die Holde'schen Forderungen glauben wir genügend widerlegt zu haben.*) Wir möchten aber noch darauf aufmerksam machen, dass der grosse Jodüberschuss, welchen Holde verlangt, nicht nur unnötig,

---

*) Helfenber Annalen 1891, 12.
**) Chemiker Zeitung 1892, 1176.
***) Chemiker Zeitung 1892, 1472.

sondern auch sogar nachteilig ist, da der Fehler, welcher in Folge der Abnahme des Titers der Jodlösung entsteht, dadurch nur vergrössert wird.

Zu der Fahrion'schen Arbeit bemerken wir, dass uns bis jetzt noch kein Chloroform unter die Hände gekommen ist, welches gegen die Hübl'sche Jodlösung nicht indifferent war. Gegen die von demselben Verfasser ausgesprochene Vermutung, dass die mit der Hübl'schen Jodlösung erhaltene Jodzahl nicht das wirkliche Jodadditionsvermögen der Fette und Öle ausdrückt, sprechen die Zahlen, welche wir mit reiner Ölsäure*) erhalten haben.

Die weitere Angabe Fahrions, dass der Titer der Hauptlösung unter Umständen weniger rasch abnehme als die im Überschuss angewandte Jodlösung, kann dann zutreffen, wenn die Temperatur des Arbeitsraumes erheblichen Schwankungen unterworfen ist, da die Temperatur einer kleinen Menge Flüssigkeit durch derartige Schwankungen naturgemäss rascher und stärker beeinflusst wird, als die einer grösseren und da, wie wir bewiesen haben,**) Temperaturdifferenzen von ganz erheblichem Einfluss auf die Abnahme des Titers der Hübl'schen Jodlösung sind.

Unter Berücksichtigung dieser Thatsache und unter Berücksichtigung des möglichen Falles, dass einmal das Chloroform nicht ganz indifferent gegen die Jodlösung wäre, möchten wir der Hübl'schen Jodadditionsmethode die folgende Fassung geben:

„Man bringt 3—4 g des zu untersuchenden Öles in ein kleines etwa 10 ccm fassendes Arzneigläschen mit breitem Rande und lässt, nachdem man das Gewicht des Gläschens mit Inhalt genau festgestellt hat, von den nichttrocknenden Ölen 7—8 Tropfen (etwa 0,3 g), von den trocknenden 5—6 Tropfen (etwa 0,2 g) in eine 500—700 ccm fassende Flasche mit sehr gut eingeschliffenem Glasstopfen fallen. Durch Zurückwiegen des Gläschens stellt man das Gewicht des Öles ganz genau fest.

Hat man die Jodzahl eines festen Fettes zu bestimmen, so bringt man 3—4 g desselben in eine kleine Schale oder ein kleines Becherglas, stellt das Gewicht der Schale oder des Becherglases mit Fett genau fest und bringt 0,3—0,4 g mit einem Glasstabe in die betreffende Flasche.

---

*) Seite 2.
**) Helfenberger Annalen 1891, 14.

Das Öl bezw. Fett löst man in 20 ccm Chloroform, setzt bei nicht trocknenden Ölen und bei festen Fetten 20 ccm, dagegen bei trocknenden Ölen 30 ccm Jodlösung, von der 20 ccm 30—36 ccm $^1/_{10}$ Normal-Natriumthiosulfat-Lösung entsprechen, hinzu und stellt 24 Stunden gut verschlossen beiseite. Ist die Jodlösung schwächer, so hat man entsprechend mehr zu nehmen. Ausserdem bringt man noch je 20 ccm Jodlösung in zwei Glasstöpselflaschen, welche gleichfalls 500—700 ccm fassen, setzt je 20 ccm Chloroform hinzu und titriert die eine, nachdem man 20 ccm Jodkaliumlösung (1 : 10) und 200 ccm Wasser hinzugesetzt hat, sofort, während man die andere auch 24 Stunden gut verschlossen beiseite stellt. Die Jod-Chloroform- und die Jod-Öl- oder Jod-Fett-Chloroform-Mischung schwenkt man während der 24 Stunden einige Male um. Nach Ablauf dieser Zeit setzt man je 20 ccm Jodkaliumlösung und 200 ccm Wasser hinzu und titriert den Jodüberschuss mit $^1/_{10}$ Normal-Natriumthiosulfat-Lösung zurück."

Aus den erhaltenen Werten berechnet man die Jodzahl auf die früher von uns angegebene Art und Weise*.) Zum besseren Verständnis möge es uns aber gestattet sein, die Berechnung hier an einem Beispiele zu zeigen:

Wir brachten 0,279 g Oleum Olivarum mit 20 ccm Jodlösung, die 33,95 ccm $^1/_{10}$ Normal-Natriumthiosulfat-Lösung entsprachen, und 20 ccm Chloroform unter den oben angegebenen Bedingungen zusammen. Mit einer Mischung von weiteren 20 ccm derselben Jodlösung und 20 ccm desselben Chloroforms verfuhren wir gleichfalls, wie oben angegeben worden ist. Nach 24 Stunden waren zum Zurücktitrieren des überschüssigen Jodes der Jod-Öl-Chloroform-Mischung 15,80 ccm $^1/_{10}$ Normal-Natriumthiosulfat-Lösung erforderlich. Die Jod-Chloroform-Mischung entsprach nach derselben Zeit noch 33,55 ccm $^1/_{10}$ Normal-Natriumthiosulfat-Lösung. Sie hatte also eine 0,4 ccm $^1/_{10}$ Normal-Lösung entsprechende Menge wirksames Jod verloren. Da wir nun annehmen, dass das überschüssige Jod der Jod-Öl-Chloroform-Mischung in demselben Verhältnisse abnimmt, so musste dieselbe nach dem Ansatze

$$33,55 : 0,4 = 15,80 : x$$

während der 24 Stunden soviel wirksames Jod verloren haben,

---

*) Helfenberger Annalen 1891, 15.

als rund 0,19 ccm $^1/_{10}$ Normal-Natriumthiosulfat-Lösung entsprechen. Es würden demnach, wenn der Titer der Jodlösung unveränderlich wäre, nicht 15,80 ccm sondern 15,99 ccm $^1/_{10}$ Normal-Natriumthiosulfat-Lösung zum Zurücktitrieren verbraucht worden sein.

Die 0,279 g Ol. Olivarum hatten also eine Jodmenge addiert, welche 33,95—15,99 = 17,96 ccm $^1/_{10}$ Normal-Natriumthiosulfat-Lösung entsprach.

$$17,96 \times 0,0127 = 0,228092$$
$$0,279 : 0,228092 = 100 : x$$
$$x = 81,75.$$

Die Jodzahl des betreffenden Olivenöles war hiernach
81,75.

Dass die vorstehende Art und Weise der Berechnung die besten Resultate ergiebt, haben wir im vorigen Jahre bewiesen.[*) Wir betonen aber nochmals, dass das etwas umständliche Verfahren nur bei den trocknenden Ölen notwendig ist. Bei den nicht trocknenden Ölen und den festen Fetten genügt für praktische Zwecke eine Einwirkungsdauer von 2 Stunden. Man hat dann nur den Anfangstiter der Hübl'schen Jodlösung bei der Berechnung zu Grunde zu legen. Das Olivenöl mit der Jodzahl 81,75 ergab unter diesen Bedingungen die Zahlen 81,33 und 81,64.

Im März und April dieses Jahres sind noch zwei weitere Arbeiten zur Jodadditionsmethode erschienen. Der Verfasser der einen ist Welmans,[**) der anderen Gantter.[***) Beide versuchen an die Stelle der alten Hübl'schen eine haltbarere Lösung zu setzen. Der erstere schlägt zu diesem Zwecke zwei Lösungen vor. Er löst das Quecksilberchlorid und Jod entweder in einem Gemische aus gleichen Teilen Äther und Essigsäure oder Essigäther und Essigsäure. Die vom Verfasser angeführten Beleganalysen können, sowohl was die Haltbarkeit der Lösung anbetrifft als auch bezüglich der mit denselben erzielten Jodzahlen, als durchaus befriedigend bezeichnet werden.

---

*) Helfenberger Annalen 1891, 16 u. 17.
**) Pharmaceutische Zeitung 1893, 219.
***) Zeitschrift für analytische Chemie, durch Süddeutsche-Apotheker-Zeitung 1893, 133 u. 145.

Als Vorteile der neuen Lösungen führt er an:

„Die Lösungen brauchen nicht getrennt hergestellt und aufbewahrt zu werden; dieselben sind direkt nach der Fertigstellung verwendbar. Der Titer derselben ist, soweit Schlüsse bis jetzt zulässig sind, ein beständiger, oder wenigstens nur geringen Schwankungen unterworfen."

Wir haben mit den beiden von Welmans vorgeschlagenen Lösungen und mit der alten Hübl'schen Lösung je 4 Bestimmungen mit Olivenöl und mit Leinöl ausgeführt. Bei der Hälfte der Bestimmungen liessen wir die Lösung auf das Öl zwei Stunden und bei der anderen Hälfte 24 Stunden einwirken. Ausserdem stellten wir noch die Abnahme des Titers der Lösungen innerhalb 24 Stunden fest. Die durch 24-stündige Einwirkung der Jodlösungen erhaltenen Zahlen sind in der oben angegebenen Weise berechnet.

Wir erhielten die nachstehenden Werte:

Jod in Essigsäure-Äther gelöst:
$$20 \text{ ccm} = 37,35 \text{ ccm } {}^{1}/_{10} \text{ N-Na}^2\text{S}^2\text{O}^3\text{-Lösung.}$$

Dieselbe Lösung nach 24 Stunden:
$$20 \text{ ccm} = 37,05 \text{ ccm } {}^{1}/_{10} \text{ N-Na}^2\text{S}^2\text{O}^3\text{-Lösung.}$$

Jod in Essigsäure-Essigäther gelöst:
$$20 \text{ ccm} = 39,70 \text{ ccm } {}^{1}/_{10} \text{ N-Na}^2\text{S}^2\text{O}^3\text{-Lösung.}$$

Dieselbe Lösung nach 24 Stunden:
$$20 \text{ ccm} = 39,60 \text{ ccm } {}^{1}/_{10} \text{ N-Na}^2\text{S}^2\text{O}^3\text{-Lösung.}$$

Ursprüngliche Hübl'sche Lösung:
$$20 \text{ ccm} = 33,95 \text{ ccm } {}^{1}/_{10} \text{ N-Na}^2\text{S}^2\text{O}^3\text{-Lösung.}$$

Dieselbe Lösung nach 24 Stunden:
$$20 \text{ ccm} = 33,55 \text{ ccm } {}^{1}/_{10} \text{ N-Na}^2\text{S}^2\text{O}^3\text{-Lösung.}$$

Die Veränderlichkeit der ursprünglichen Hübl'schen Lösung ist demnach am grössten, die der Jod Essigsäure-Essigäther-Lösung am geringsten.

Alle drei Lösungen waren 2 Tage alt. Die Bestimmungen wurden hintereinander ausgeführt, so dass die Temperatur und sonstigen Bedingungen vollständig gleich waren.

		Jodzahlen			
		Ol. Olivarum		Ol. Lini	
Jod in Essig- säure - Äther gelöst	2 Std. Einwirkung	83,21	83,07	160,50	155,48
	24 „ „	83,01	83,64	184,16	184,72
Jod in Essig- säure-Essig- äther gelöst	2 „ „	81,50	81,09	166,96	165,68
	24 „ „	81,91	82,63	177,45	175,31
Ursprüngliche Hübl'sche Lösung	2 „ „	81,33	81,64	157,99	157,05
	24 „ „	81,67	81,75	175,92	176,78

Die mit den von Welmans angegebenen Lösungen erhaltenen Werte zeigen eine weniger gute Übereinstimmung, als die mit der ursprünglichen Hübl'schen Lösung erhaltenen. Sie müssen zum Teil sogar als unbefriedigend bezeichnet werden. Hierzu kommt noch, dass das Aufsaugen der neuen Jodlösungen durchaus nicht zu den Annehmlichkeiten gehört. Dieser Übelstand macht sich besonders dann geltend, wenn man eine grössere Anzahl Bestimmungen hintereinander ausführt. Beim Aufsaugen der ursprünglichen Hübl'schen Lösung machen sich Belästigungen wenig oder garnicht bemerkbar. Im übrigen beweisen die obigen Werte wieder*), dass bei den trocknenden Ölen eine 2 stündige Einwirkung des Jodes n i c h t genügt.

Aus den ebengenannten beiden Gründen können wir einen Ersatz der alkoholischen Jodlösung durch eine Jod-Essigsäure-Äther- oder Jod-Essigsäure-Essigäther-Lösung durchaus nicht empfehlen. Dagegen empfiehlt es sich, aus Sparsamkeitsrücksichten, wie wir schon früher**) hervorgehoben haben, die Jodlösung und die Quecksilberchloridlösung getrennt aufzubewahren und nur jedesmal soviel zu mischen, dass das Gemisch höchstens 8 Tage alt wird.

Die getrennte Aufbewahrung der beiden Lösungen und die Verzögerung der Ingebrauchnahme um 24 Stunden haben wir nie als Belästigung empfunden.

Inbetreff der übrigen von dem Verfasser aufgeworfenen Fragen (Einwirkungsdauer, Jodüberschuss) verweisen wir auf unsere im vorigen Jahre veröffentlichte Arbeit „Zur Hübl'schen Jodadditionsmethode"***), in

---

*) Helfenberger Annalen 1891, 17.
  **)   „   „   1891, 19.
***)   „   „   1891, 12.

welcher dieselben ausführlich an der Hand zahlreicher Belege beantwortet sind.

Gantter schlägt zur Bestimmung der Jodzahl eine Lösung von 10 g Jod in 1000 ccm Tetrachlorkohlenstoff vor, welche er direkt ohne jeden weiteren Zusatz auf das Öl einwirken lässt. Nach den Angaben des Verfassers der betreffenden Arbeit soll die Lösung haltbar und die Zahlen, welche man nach einer Einwirkungsdauer von 40—50 Stunden erhält, sollen konstant sein.

Er führt nur e i n e mit Leinöl ausgeführte Beleganalyse an!! Hiernach hat dasselbe die Jodzahl 76,2! Trotzdem die Gründe, welche Gantter g e g e n die Hübl'sche und f ü r seine Lösung ins Feld führt durchaus ungenügend, ja zum Teil sogar falsch sind, wie wir weiter unten zeigen werden, haben wir seine Angaben doch einer experimentellen Prüfung unterworfen. Wir erhielten die nachstehenden Werte:

Titer der Lösung: 50,0 ccm $=$ 44,65 N.-Na^{2}S O^3-Lösung,

nach 24 St. „ „ „ : 50,0 ccm $=$ 44,65 „ „ „ „

Einwirkungs-dauer	Jodzahlen			
	Oleum Olivarum		Oleum Lini	
	I	II	I	II
2 Std.	34,89	36,78	72,26	59,61
40 „	43,52	37,70	76,57	70,50

Der Titer der Jod-Tetrachlorkohlenstoff-Lösung ist demnach, wie die obigen Zahlen beweisen, sehr beständig, dagegen zeigen die Jodzahlen, welche man mit derselben erhält, selbst nach 40 Stunden noch ganz bedeutende Schwankungen. Die eine der für Ol. Lini erhaltenen Zahlen kommt der von Gantter angegebenen ziemlich nahe. Aber abgesehen davon, dass die Werte unter einander nicht übereinstimmen, liegen sie auch viel zu niedrig. Die Belästigung, welche die Lösung beim Aufsaugen bewirkt, sei nur nebenher erwähnt. Gantter glaubt allerdings durch eine Anzahl Versuche mit Leinöl, Schweineschmalz und gesättigten Fettsäuren nachgewiesen zu haben:

„Dass das Quecksilberchlorid bei der Hübl'schen Methode in die Reaktion eingreift, und dass daher (!) die nach derselben gefundenen Jodzahlen nicht das wahre Jodadditionsvermögen der Fette ausdrücken."

Er sagt dann weiter:

> „Diese Thatsache (?) steht auch im Einklang mit der auffallenden Erscheinung, dass viele Fette und Öle nach der Hübl'schen Methode eine weit über 100 gehende Jodzahl ergeben, während reine Ölsäure überhaupt nur 90 % addieren kann (!!)."

Die obigen Folgerungen Gantters sind teils schon seit Jahren bekannte Thatsachen, teils sind sie direkt falsch. Dass die Quecksilberchlorid-Lösung bei der Hübl'schen Methode in die Reaktion eingreift, hat schon Hübl nachgewiesen. Derselbe*) sagt wörtlich:

> „Dieses Gemisch (Jod-Quecksilberchloridlösung) reagiert schon bei gewöhnlicher Temperatur auf die ungesättigten Fettsäuren unter Bildung von Chlor-Jod-Additionsprodukten."

Er erkannte z. B. das unter diesen Bedingungen erhaltene Produkt der Ölsäure als Chlor-Jodstearinsäure. Ferner hat Hübl*) schon nachgewiesen, dass eine Jodlösung ohne Quecksilberchlorid bei gewöhnlicher Temperatur nur sehr träge, bei hoher Temperatur aber sehr ungleichmässig auf Fette einwirkt und dass auf 2 Atome Jod mindestens 1 Mol. Quecksilberchlorid nötig ist, um das gesamte Jod auszunützen. Er hat auch gleichzeitig darauf hingewiesen, dass es unter den bei seiner Methode einzuhaltenden Bedingungen vollständig gleichgiltig ist, ob nur Jod oder Jod und Chlor und in welchem Verhältnisse beide in die Verbindung eintreten. Der Umstand, dass Gantter bei einem höheren Quecksilberchloridzusatz, als ihn Hübl vorschreibt, etwas höhere, ja in einigen Fällen ziemlich viel höhere Jodzahlen gefunden hat, beweist für jemanden, der mit derartigen Bestimmungen vertraut ist und die Arbeit mit Aufmerksamkeit gelesen hat, nur das eine, dass man bei der Hübl'schen Jodadditionsmethode bestimmte Bedingungen einhalten muss, aber durchaus nicht, wie Gantter behauptet, „dass die nach derselben gefundenen Jodzahlen nicht das wahre Jodadditionsvermögen der Fette ausdrücken." Wie er dann aber noch behaupten kann, es sei eine „auffallende" Erscheinung, dass viele Fette nach der Hübl'schen Methode eine über 100 liegende Jodzahl zeigten, während reine Ölsäure überhaupt nur 90 % Jod addieren könne, ist uns unerfindlich.

Gantter scheint ganz vergessen zu haben, dass verschiedene Öle und Fette auch Fettsäuren der Ölsäurereihe mit niedrigerem Molekulargewicht als die Ölsäure und vor allem, dass eine Anzahl Öle und Fette

---

*) Pharmaceutische Post 1884, 1030.

auch Säuren der Sorbinsäurereihe, deren Glieder bekanntlich 4 Halogenatome addieren können, enthalten. So vermag z. B. ein Molekül Linolsäure $\dfrac{C^{18}H^{32}O^2}{280}$ vier Atome Jod $\dfrac{4\,J}{508}$ zu addieren. Die theoretisch mögliche Jodzahl beträgt also 181,42. Übrigens hat schon Hübl[*) in der Begründung seiner Methode auf dieselbe Thatsache aufmerksam gemacht.

Wir würden uns freuen, wenn die vorstehenden Zeilen dazu beitrügen, dass ähnliche „Verbesserungsvorschläge" zur Jodadditionsmethode, wie sie Gantter gemacht hat, in Zukunft unterblieben. Dieselben bewirken höchstens, dass die Brauchbarkeit der so vorzüglichen Hübl'schen Jodadditionsmethode vielleicht für kurze Zeit in Frage gestellt wird.

---

*) Pharmaceutische Post 1884, 1030.

Adeps suillus.

Bei der Untersuchung des Schweineschmalzes führten wir neben der Bestimmung des Schmelzpunktes, der Säure- und der Jodzahl in allen den Fällen, in welchen es sich um amerikanisches Fett handelte auch die von Welmans*) zum Nachweis von Baumwollensamenöl angegebene Phosphormolybdänsäure-Probe aus. Dieselbe ergab bei allen Proben ein negatives Resultat. Im übrigen erhielten wir die nachstehenden Zahlen:

No.	Schmelzpunkt ° C	Säurezahl	Jodzahl
1	41,0	0,84	58,24
2	42,0	0,56	52,09
3	40,0	0,84	56,60
4	41,5	0,56	57,61
5	41,5	0,28	56,25
6	40,5	0,93	52,11
7	40,0	0,37	52,95
8	41,0	0,28	55,56
9	40,5	0,56	58,63
10	39,5	0,47	56,70
11	37,5	0,47	58,88
12	37,0	0,56	62,27
13	37,0	0,56	63,26
14	37,5	0,47	61,66
15	41,0	1,40	54,14
16	37,0	1,96	62,89
17	39,0	1,68	61,11
18	37,5	1,87	63,18
19	37,5	1,96	62,62

Die vorstehenden Werte halten sich in normalen Grenzen. Unsere Ansicht über den Wert der Bechi'schen Probe und über die Bedeutung des Satzes: „Als besonders brauchbar etc.**) haben wir trotz der letzten

---

*) Pharmaceutische Zeitung 1891, 798.
**) Jahresber. des chem. Untersuchungsamtes der Stadt Breslau 1890, 30.

Ausführungen B. Fischers*) in keiner Weise geändert. Wir glauben uns aber einer eingehenden Erwiderung enthalten zu können und begnügen uns damit zu konstatieren, dass wir es allerdings für einen Vorzug des Fabrikanten halten, eine Ware auf einen blossen Verdacht hin beanstanden zu können. Dass sich ein öffentliches Untersuchungsamt gegen jeden Einwand, der eventuell vor Gericht gemacht werden könnte, möglichst zu sichern hat, ist selbstverständlich.

C. Amthor und J. Zink**) haben verschiedene selbstausgelassene Schweinefette untersucht und die nachstehenden höchsten und niedrigsten Zahlen erhalten:

	Frische Fette	Alte Fette
Jodzahl	50,15—52,60	49,50 — 50,19
Schmelzpunkt . . .	47,60—48,10	47,60—48,10
Erstarrungspunkt . .	27,50—29,10	27,50—29,10

Die Zahlen unterscheiden sich nicht unerheblich von den unsrigen. Es gilt dies besonders von dem Schmelzpunkte. Die bedeutende Abweichung des letzteren dürfte aber in der Hauptsache an der verschiedenen Ausführung der Bestimmung liegen. Wir werden beim Lanolin nochmals auf diesen Punkt zurückkommen.

---

*) Jahresber. des chem. Untersuchungsamtes der Stadt Breslau, 1892, 38.
**) Chemiker Zeitung 1892, Repert. 338.

Balsame, Harze, Gummiharze.

Die Methoden, welche für die Prüfung und Wertbestimmung der Balsame, Harze und Gummiharze bisher aufgestellt sind, können, trotz der zahlreichen über diesen Gegenstand veröffentlichten Arbeiten, durchaus noch nicht als befriedigend bezeichnet werden. Bei der wechselnden Zusammensetzung der genannten Körper kann dies auch weiter nicht überraschen.

Die Bestimmung der Jodzahl, welche wir seiner Zeit für die Beurteilung der Balsame, Harze und Gummiharze nicht für aussichtslos gehalten hatten, ist nur, wie wir schon im vorigen Jahre durch eine umfangreiche Arbeit*) nachgewiesen haben, in wenigen Fällen event. zu verwerten. Ähnlich ist es auch mit der Bestimmung der petrolätherlöslichen**) Teile. Die Säure-, Verseifungs- und Esterzahl liefern im allgemeinen noch die besten Resultate. Bei allen diesen Untersuchungsmethoden ist es notwendig, wenn man vergleichbare Werte erhalten will, die Zahlen immer auf das Alkohollösliche zu berechnen.

Im Gegensatz zu den ebengenannten Proben, welche die Unterscheidung der verschiedenen Balsame, Harze und Gummiharze und den Nachweis der Verfälschung des einen mit dem anderen bezwecken, gestaltet sich die Bestimmung von mechanischen Verunreinigungen und Verfälschungen mit Hilfe des Alkohollöslichen und der Asche ziemlich einfach. In manchen Fällen empfiehlt es sich auch den Verlust bei 100° festzustellen. Wir werden im folgenden den Wert der eben erwähnten Untersuchungsmethoden für die zu diesen Körpern gehörenden und in diesem Jahre hier untersuchten Proben in alphabetischer Reihenfolge besprechen und bei einer jeden die entsprechenden Zahlen angeben.

Ammoniacum crudum.

Beim Ammoniakgummi bestimmten wir den Verlust bei 100°C, die Asche, das Alkohollösliche und die Jodzahl. Von einer Bestimmung der Säure-, Ester- und Verseifungszahl sahen wir ab, da die End-

---

*) Helfenberger Annalen 1881, 26—30.
**) Helfenberger Annalen 1891, 32 u. 33.

reaktion zu undeutlich war. In 3 Fällen bestimmten wir auch die Jodzahl des Chloroformlöslichen. Die folgende Tabelle enthält die erzielten Werte.

% Verlust bei 100 °C	% Asche	% in Alkohol (96 %) löslich	Jodzahl des Alkohollösl.	Jodzahl des Chloroformlösl.
4,10	4,25	73,20	167,02	173,89
3,80	6,80	68,00	165,49	172,61
4,80	3,65	64,55	—	—
5,45	3,35	59,25	—	159,22
5,55	2,75	54,34	170,97	—
4,80	10,08	40,00	152,61 / 175,39	—
5,75	2,65	50,85	141,53	—
4,80	6,92	65,99	175,64 / 166,50	—
7,00	2,21	61,79	164,60 / 164,17	—
6,05	3,35	60,88	173,86 / 172,83	—

Der Verlust bei 100 °C, die Asche und das Alkohollösliche zeigen nicht unerhebliche Differenzen. Die Jodzahlen liegen mit 2 Ausnahmen in zimlich engen Grenzen. Im allgemeinen entsprechen die höchsten Zahlen aber immer den grössten Jodüberschüssen. In den 4 Fällen, in welchen die Jodzahl zwischen 172,83 und 175,64 liegt, wurden 30,0—40,0 ccm $^1/_{10}$ Normal-Natriumthiosulfat-Lösung zum Zurücktitrieren verbraucht. Die Jodzahl des Chloroformlöslichen stimmt mit der des Alkohollöslichen fast vollständig überein.

Vorläufig werden wir die Bestimmung der Jodzahl beim Ammoniakum beibehalten und zwar werden wir einen so grossen Jodüberschuss verwenden, dass zum Zurücktitrieren 30—40 ccm $^1/_{10}$ Normal-Natriumthiosulfat-Lösung verbraucht werden. Ein abschliessendes Urteil über ihren Wert behalten wir uns vor. Wir erlauben uns aber, für die nächste Auflage des deutschen Arzneibuches die Festsetzung eines Minimalgehaltes an Alkohollöslichem und eines Maximalgehaltes an Asche zu empfehlen.

Balsamum Copaïvae.

Im letzten Jahre kamen ausser 6 Proben Maracaïbobalsam auch 2 Proben Parabalsam zur Untersuchung. Wir erhielten die folgenden Zahlen:

	Säurezahl	Esterzahl	Verseifungszahl	Jodzahl
Maracaïbo-balsam	89,13	1,40	90,53	—
	86,80	1,90	88,70	—
	79,80	0,47	80,27	—
	83,07	1,40	84,47	—
	86,34	6,07	92,41	196,10
	86,36	7,00	93,34	194,37
Para-balsam	65,80	1,90	67,70	—
	29,40	1,90	31,30	—

Von den vorstehenden Zahlen stimmen die mit Maracaïbobalsam erhaltenen im allgemeinen mit früheren Untersuchungresultaten überein. Die Säure- und Verseifungszahlen des Parabalsams zeigen dagegen erhebliche Abweichungen.

Wenn auch nicht zu leugnen ist, dass die Bestimmung der Säure-, Ester-, Verseifungs- und Jodzahl etwaigen Verfälschungen ziemlich weiten Spielraum bietet, so werden wir dieselben doch in Ermangelung von etwas Besserem vorläufig beibehalten.

Colophonium.

Die Untersuchung des Kolophoniums ergab nachstehende Werte:

Spez. Gewicht	Säurezahl	Jodzahl
1,079	174,54	161,60
1,078	174,07	156,60
1,078	166,60	180,16
1,077	171,73	150,79
1,079	162,40	146,65
1,077	169,87	152,62
1,076	175,47	162,30
1,077	166,13	155,85

Das spezifische Gewicht und die Säurezahl sind nach wie vor die besten Kriterien für das Kolophonium. Die Jodzahl werden wir in Zukunft fallen lassen, da sie zu grossen Schwankungen unterworfen ist.

Resina Dammar.

Wir bestimmten die Jodzahl von 12 verschiedenen Dammarmustern und erhielten Werte, welche zwischen

113,54 und 192,36

lagen.

Bei derartigen Schwankungen halten wir die Bestimmung der Jodzahl für zwecklos.

Zum Nachweis von Kolophonium im Dammarharz soll man nach Hirschsohn[*]) 2 g der zu untersuchenden gepulverten Mischung mit 20 ccm Ammoniakflüssigkeit von 0,96 spezifischem Gewichte übergiessen, gut durchschütteln und nach viertel- bis halbstündigem Stehen die ammoniakalische Lösung durch ein doppeltes Filter filtrieren. Hierauf soll man das klare oder nur schwache Opalescenz zeigende Filtrat mit Essigsäure übersättigen. Dammarharz mit 5 % Kolophonium soll hierbei einige Flocken abscheiden; mit 10 % Kolophonium gefälschtes Harz soll schon starke Abscheidungen geben.

Wir haben die vorstehenden Angaben nachgeprüft und können sie voll und ganz bestätigen.

Galbanum crudum.

Zur Untersuchung gelangte nur Galbanum in massa. Wir erhielten die umstehenden Daten.

Das Alkohollösliche und die Asche zeigen auch hier ganz bedeutende Schwankungen. Eine Bestimmung beider halten wir daher für die Wertschätzung des Galbanums unter allen Umständen für notwendig. Für die nächste Auflage des Deutschen Arzneibuches dürfte sich auch hier die Forderung eines Minimalgehaltes an Alkohollöslichem und eines Maximalgehaltes an Asche empfehlen.

Die Bestimmung der Esterzahl werden wir in Zukunft fallen lassen,

---

[*]) Pharmac. Zeitsch. f. Russland, durch Süddeutsche Apotheker-Zeitung 1893, 28.

% in Alkohol (96 %) löslich	% Asche	Säurezahl	Esterzahl	Jodzahl
53,37	9,52	8,74	{ 139,87 145,47	—
59,73	3,92	6,98	{ 159,34 140,66	—
42,68	31,31	8,98	{ 151.13 140,54	—
57,80	12,19	9,60	—	{ 82,34 85,88
54,01	5,25	14,34	—	{ 96,99 95,89
47,56	3,00	8,05	—	{ 77,18 80,64

da sie infolge der undeutlichen Endreaktion wechselnde Resultate ergiebt. Die Säurezahlen sind dagegen ganz brauchbar.

Betreffs der Jodzahl erlauben wir uns vorläufig kein abschliessendes Urteil. Wir hoffen aber bei Einhaltung der unter Ammoniakgummi angegebenen Bedingungen zu brauchbaren Resultaten zu gelangen.

Resina Pini.

Bei der Bestimmung der Jodzahlen einiger Proben Fichtenharz haben wir die nachstehenden Werte erhalten:

139,51   155,88
166,24   181,88.

Die Zahlen schwanken derartig, dass wir weitere Versuche für aussichtslos halten.

Styrax liquidus crudus.

Storaxproben kamen im letzten Jahre ziemlich häufig und eingehend zur Untersuchung.

Die erhaltenen Werte sind in der nebenstehenden Tabelle zusammengestellt.

Die Zahlen der verschiedenen Rubriken zeigen im allgemeinen ziemlich bedeutende Differenzen. Bei dem Interesse, welches der Storax verdient, werden wir aber vorläufig alle Bestimmungen mit Ausnahme der Jodzahl des Petrolätherunlöslichen beibehalten.

% Verlust bei 100° C	% Asche	% in Alkohol von 96 % löslich	% Alkohollösliches in Petroläther unlöslich	Säurezahl	Esterzahl	Verseifungszahl	Jodzahl des Alkohollöslichen	Jodzahl des in Petroläther unlöslichen
26,60	0,60	—	—	—	—	—	—	—
32,05	—	63,17	38,36	—	—	—	78,82	59,97
31,21	—	63,15	58,96	—	—	—	73,16	—
17,43	—	75,45	49,22	—	—	—	75,76	70,46
21,54	—	73,03	39,24	—	—	—	71,46	64,75
27,40	—	68,72	48,62	—	—	—	66,36	—
11,65	1,20	84,00	56,80	72,80	165,20	238,00	79,93	90,80
10,25	1,10	83,96	63,15	75,60	168,00	243,60	72,66	73,24
24,71	0,35	71,57	49,64	54,60	130,20	184,80	95,47	84,53
38,37	0,57	56,14	61,92	60,20	130,20	190,40	99,18	83,39
22,90	0,87	73,77	—	70,81	—	—	88,93	—
10,25–38,37	0,35–1,20	56,14–84,00	38,36–63,15	54,60–75,60	130,20–168,00	184,80–243,60	66,36–99,18	59,97–90,80

Terebinthina Chios, communis und Veneta.

Terebinthina Chios kam im letzten Jahre zwei-, communis fünf- und Veneta zwölfmal zur Untersuchung. Wir geben in der folgenden Tabelle eine Zusammenstellung der erhaltenen Werte:

Terebinthina	No.	Säurezahl	Esterzahl	Verseifungs-zahl	Jodzahl
Chios	1)	48,53	21,47	70,00	—
	2)	47,13	19,13	66,26	—
communis	3)	110,02	—	—	186,16
	4)	140,93	8,40	149,33	—
	5)	113,87	4,20	118,07	—
	6)	111,07	2,80	113,87	—
	7)	111,07	4,20	115,27	—
Veneta	8)	70,00	39,85	109,85	194,61
	9)	70,47	39,20	109,67	—
	10)	67,20	41,07	108,27	—
	11)	70,47	43,40	113,87	—
	12)	98,00 !	5,60 !	103,60	—
	13)	72,33	44,33	116,66	201,28
	14)	73,27	44,80	118,07	171,11
	15)	72,80	47,13	119,93	185,44
	16)	101,73 !	13,07 !	114,80	149,03
	17)	96,60 !	8,40 !	105,00	129,22
	18)	71,87	40,13	112,00	167,43
	19)	71,87	38,93	110,80	175,19

Die Säure-, Ester- und Verseifungszahlen der drei Terpentine unterscheiden sich sehr wesentlich von einander, während sich die Zahlen bei ein und derselben Sorte im allgemeinen in ziemlich engen Grenzen bewegen. Besonders auffällig unterscheiden sich die Säure- und Esterzahlen des venetianischen Terpentins von denen der beiden anderen. Ausgenommen sind No. 12, 16 und 17, welche offenbar gefälscht waren. Um uns über diesen Punkt völlige Gewissheit zu verschaffen und um womöglich für die verschiedenen Terpentine Grenzzahlen aufzustellen, führten wir mit einer Anzahl selbst gesammelter derartiger

Körper vergleichende Untersuchungen aus. Dieselben sind in dem folgenden Abschnitte behandelt.

Über einige selbstgesammelte Terpentine und Harze.

Wie wir schon oben erwähnten, veranlassten uns die Erfahrungen, welche wir bei der Untersuchung der käuflichen Terpentine machten, unser Augenmerk auf die Beschaffung notorisch echter derartiger Körper zu richten. Ein anderer Grund hierfür war der, dass die Angaben der verschiedenen Autoren über die Säure-, Ester-, Verseifungs- und Jodzahl ganz bedeutend von einander abweichen. Wenn diese Unterschiede auch vielleicht zum Teil auf den mehr oder weniger hohen Gehalt an ätherischem Öl oder auch auf die verschiedene Ausführung der Untersuchungen zurückzuführen sind, so dürften doch so grosse Differenzen, wie sie z. B. teilweise zwischen den von uns und den von Kremel gefundenen Zahlen existieren, auf andere Gründe zurückzuführen sein.

Im vorigen Sommer bot sich dem Herausgeber und seinem Sohne, Herrn Karl Dieterich, während eines Aufenthaltes in Tirol die erwünschte Gelegenheit, eine Anzahl Terpentine und Harze selbst zu sammeln. Sie wurden hierbei in dankenswerter Weise von Herrn Professor Beckurts thatkräftig unterstützt.

Je eines der betreffenden Harze und Terpentine stammte von Pinus Larix, Cembra und sylvestris, zwei von Pinus Abies. Ausserdem wurde ein Wurzelharz von Pinus Abies untersucht.

Der von Pinus Larix stammende Terpentin bildete eine hellgelbe dickflüssige Masse, welche mit braunen Rindenstückchen untermischt war. Der Rückstand des mit Spiritus bereiteten Auszuges zeigte eine rötlich braune Farbe, da etwas Farbstoff aus den braunen Rindenstückchen mit in Lösung gegangen war. Der Rückstand des Chloroformauszuges war hellgelb.

Das von Pinus Cembra stammende Produkt bestand zum grössten Teil aus festen, teils hell-, teils dunkelgelben Harzstückchen und aus wenig sehr dickem Terpentin. Das Ganze war mit einigen Rindenstückchen untermischt. Die Rückstände des Spiritus- und des Chloroformauszuges hatten die Konsistenz eines sehr dicken Extraktes. Bei dem ersteren war wieder etwas Farbstoff aus den Rindenstückchen in Lösung gegangen. Er war infolgedessen rötlichbraun gefärbt. Der andere Rückstand hatte eine ähnliche, aber etwas hellere Farbe.

Von Pinus sylvestris wurde ein Harz untersucht, welches aus hell- und dunkelgelben ziemlich festen Stückchen bestand, die mit wenig Rindenteilchen untermischt waren. Sowohl der Rückstand des Chloroform- als auch der des Alkoholauszuges hatten eine rotgelbe Farbe.

Die beiden Terpentine von Pinus Abies zeigten eine hellgelbe Farbe und die Konsistenz eines dicken Extraktes; I war mit wenig, II mit etwas mehr Rindenstückchen vermischt. Die Farbe der Rückstände des Chloroform- und Alkoholauszuges war gelb.

Das Wurzelharz von Pinus Abies bildete hellgelbe feste Stückchen, fast ohne jede Beimengung.

Um zu konstatieren, ob der mehr oder weniger grosse Gehalt der Terpentine an ätherischen Ölen einen wesentlichen Einfluss auf die Säure-, Ester-, Verseifungs- und Jodzahl habe, wurden die Bestimmungen auf zweierlei Weise neben einander ausgeführt. Wir behandelten zunächst eine bestimmte Menge der betreffenden Harze und Terpentine mit Alkohol von 96 $^0/_0$ bezw. Chloroform. Der unlösliche Rückstand wurde nach dem Trocknen wieder gewogen. Die Differenz zwischen dem letzteren und der ursprünglich angewandten Gewichtsmenge bildete demnach diejenige Menge Harz und Terpentin, welche in Lösung war.

Die betreffenden Lösungen füllten wir auf ein bestimmtes Volumen auf und führten dann mit einem aliquoten Teile die Bestimmungen aus. Alle Zahlen berechneten wir auf die gelöste Substanz.

Einen anderen Teil der alkoholischen bezw. Chloroform-Lösung dampften wir zur Trockne ein und führten mit dem Rückstande, nachdem aller Alkohol bezw. alles Chloroform durch Trocknen bei 100° C entfernt worden war, dieselben Bestimmungen aus.

In der nachstehenden Tabelle sind die erzielten Werte enthalten. Die mit a bezeichneten Zahlen wurden direkt mit den entsprechenden Lösungen erhalten.

Terebinthina et resina		Säurezahl	Esterzahl	Verseifungszahl	Jodzahl
laricina	a	64,44	50,12	114,56	157,87
	b	76,69	55,94	132,63	142,71
	Mittel . .	70,56	53,03	123,59	150,29
Cembra	a	117,03	56,01	173,04	130,02
	b	118,56	60,19	178,75	97,52
	Mittel . .	117,79	58,10	175,89	113,77
sylvestris	a	144,94	34,59	179,53	118,96
	b	128,65	38,75	167,40	91,91
	Mittel . .	136,79	36,67	173,46	105,43
abietina I	a	112,45	27,32	139,77	145,43
	b	128,18	32,75	160,93	120,51
	Mittel . .	120,31	30,03	150,30	132,97
abietina II	a	129,78	15,22	145,00	189,65
	b	136,81	9,84	146,65	169,93
	Mittel . .	133,29	12,53	145,87	179,79
Wurzelharz von Pinus Abies		160,63	28,66	189,29	173,16

Vergleicht man die in der Tabelle angegebenen Zahlen mit einander, so findet man, dass die unter a aufgeführten Werte von denen unter b nicht unerheblich abweichen. Dies gilt besonders für die Säure-, Ester- und Verseifungszahl des venetianischen Terpentin-Harzgemisches. Andrerseits fällt aber auch sofort der grosse Unterschied zwischen der Säure- und Verseifungszahl des eben genannten und der anderen Terpentine und Harze auf. Bei der Esterzahl liegen die Verhältnisse etwas anders. Die betreffenden Werte von Terebinthina Cembra und laricina stehen sich ziemlich nahe. Ein ähnlicher geringer Unterschied existiert zwischen den Esterzahlen der anderen Harze, mit Ausnahme von Terebinthina abietina II.

Vergleicht man die Säure-, Ester- und Verseifungszahl des selbstgesammelten venetianischen Terpentins mit den Zahlen[*]) des einge-

---

*) Seite 20.

kauften, so findet man erhebliche Abweichungen nur bei der Esterzahl, während Säure und Verseifungszahl einander ziemlich nahe kommen.

Ausgenommen sind natürlich die drei in der vorhergehenden Arbeit erwähnten Proben, welche offenbar durch Zusammenschmelzen von Kolophon und Harzöl gewonnen waren. Eine schwache blaue Fluorescenz machte dies wenigstens wahrscheinlich.

Wenn wir auch noch nicht in der Lage sind auf Grund der obigen Untersuchungen Normalzahlen aufzustellen, so glauben wir doch, dass man von einem käuflichen venetianischen Terpentin

die Säurezahl 65—75,
die Esterzahl 38—50 und
die Verseifungszahl 110—125

verlangen kann.

Vorzuziehen sind solche Sorten, welche annnähernd

70,0 Säurezahl,
50,0 Esterzahl,
120,0 Verseifungszahl haben.

Die Bestimmung der Jodzahl hat sich auch hier als zwecklos erwiesen.

Cera alba et flava.

Im Jahre 1892 kamen wieder zahlreiche Proben gelbes und weisses Wachs zur Untersuchung. Die Zahlen des als unverfälscht angesprochenen weissen Wachses schwanken zwischen:

0,963— 0,968 spez. Gew.,
18,67 —21,47 Säurezahl,
72,80 —79,33 Esterzahl,
92,40 —98,46 Verseifungszahl,

die des gelben Wachses zwischen:

0,961— 0,965 spez. Gew.,
18,67 —20,67 Säurezahl,
70,47 —75,60 Esterzahl,
90,06 —95,34 Verseifungszahl.

Drei Muster weisses Wachs ergaben die nachstehenden Werte:

No.	Spez. Gew.	Säurezahl	Esterzahl	Verseifungszahl
1	0,961	25,20	67,20	92,40
2	0,961	17,27	69,07	86,34
3	0,964	24,27	72,33	96,60

No. 1 und 3 haben zu hohe Säurezahlen. Bei 1 ist ausserdem noch die Esterzahl zu niedrig.

No. 2 hat eine zu niedrige Säure-, Ester- und Verseifungszahl.

Wir hatten im letzten Jahre auch Gelegenheit eine Probe garantiert reines Drohnenwachs zu untersuchen, welche wir der Liebenswürdigkeit des Herrn Apotheker Schrems in Grünstadt verdankten. Zugleich mit diesem Wachs sandte uns Herr Schrems eine Probe Kunstwaben und eine Probe des Wachses, welches er mit Hilfe derselben in seinem Betriebe erhält. Wir gestatten uns, Herrn Schrems auch an dieser Stelle unsern besten Dank für seine Bemühungen auszusprechen.

Die Kunstwaben hatten eine schön gelbe Farbe und bestanden angeblich aus „garantiert reinem" Wachs. Das Drohnenwachs besass eine schmutzig weisse, das mit Hilfe der Kunstwaben erhaltene Produkt eine normale gelbe Farbe. Durch Auskochen mit Alkohol liess sich in den Kunstwaben kein Farbstoff nachweisen. Die Untersuchung dieser drei Wachsarten ergab folgende Zahlen:

	I. Reines Drohnenwachs	II. Kunstwaben	III. Mit Hilfe von Kunstwaben ge- wonnenes Wachs
Spez. Gew. b. 15 °C	0,966	0,962	0,963
Schmelzpunkt °C . .	64,0—64,5	63,50	65,0
Säurezahl	18,99	25,20	19,13
Esterzahl	78,86	72,80	73,74
Verseifungszahl	97,85	98,00	92,87

Spezifisches Gewicht und Schmelzpunkt liegen bei allen drei Proben in normalen Grenzen. Die Säurezahl ist bei I und III normal, bei II aber zu hoch. Die Esterzahl ist bei II und III normal, bei I aber höher, als bei den käuflichen Wachssorten. Die Verseifungszahl ist bei allen drei Proben normal.

Kocht man die 3 Wachsmuster mit kaltgesättigter Boraxlösung und lässt man die Mischung erkalten, so scheidet sich I vollständig wieder ab; während sich III nur teilweise und II überhaupt nicht wieder trennt. Dieses Verhalten und die hohe Säurezahl machen das zu den Kunstwaben benutzte Material mindestens sehr verdächtig.

Bei I fällt die hohe Esterzahl auf. Ob dieselbe nur als eine Ausnahme zu betrachten ist oder ob wirklich reines Wachs immer eine so hohe Esterzahl hat, lassen wir vorläufig dahingestellt.

Die Zahlen von No. III sind durchaus normal. Das Verhalten gegen Boraxlösung lässt aber trotzdem auf eine geringe Beimengung von Stearinsäure, Pflanzenwachs oder Talg schliessen. Es steht dies auch vollständig im Einklang mit der Mitteilung des Herrn Apotheker Schrems, dass er sehr viele Kunstwaben benütze.

*　　*　　*

In den letzten Annalen*) berichteten wir über Versuche, welche wir mit der von Benedikt und Mangold**) vorgeschlagenen Modifikation der Hübl'schen Methode zur Wachsuntersuchung ausgeführt hatten. Wir kamen auf Grund unserer Resultate zu dem Schluss, dass keine Veranlassung vorliege, die alte bewährte Hübl'sche Methode abzuändern. Zu demselben Resultate kommt Röttger***) in einer Arbeit über qualitative und quantitative Wachsuntersuchung. Als Beweis für seine Folgerungen hat er unsere Zahlen mitangeführt.

Benedikt†) sieht sich auf die Ausführungen Röttgers hin zu einer Erklärung veranlasst, in welcher er zunächst wörtlich sagt:

> „Ob man nun nach der ursprünglichen oder nach der von uns modifizierten Methode arbeiten will, müssen wir der Wahl jedes Einzelnen überlassen."

Nachdem er dann die abfällige Kritik Röttgers zurückgewiesen hat, fertigt er unsere Versuche mit den Worten ab:

> „Dieterich, welcher eine viel zu niedrige Gesamtsäurezahl erhält, hat offenbar die Verseifung nicht richtig durchgeführt." (!)

Nun, wir finden es sehr liebenswürdig, dass Benedikt es der Wahl eines jeden Einzelnen überlässt, nach welcher Methode er arbeiten will.

---

*) Helfenberger Annalen 1891, 37.
**) Chemiker-Zeitung 1891, 474.
***) Chemiker-Zeitung 1892, 1837.
†) Chemiker-Zeitung 1892, 1922.

Wir finden es aber weniger liebenswürdig, dass er annimmt, wir hätten fehlerhaft gearbeitet, weil unsere Resultate nicht mit den von ihm und Mangold erhaltenen übereinstimmen.

Jedenfalls waren wir es bisher nicht gewöhnt, unsere Untersuchungsresultate auf solche Weise beleuchtet zu sehen. Wir glauben auch einige Erfahrungen auf dem Gebiete der Wachsuntersuchung zu besitzen und weisen daher die obige Auslassung Benedikts hiermit ganz entschieden zurück.

Bekanntlich bietet die Untersuchung des Wachses nach der Hübl'schen Methode deshalb mitunter Schwierigkeiten, weil sich einige Wachssorten ziemlich schwer verseifen lassen.

Wenn nun Benedikt und Mangold behaupten, eine neue unfehlbare Verseifungsmethode gefunden zu haben, und es stellt sich bei sorgfältiger Nachprüfung von anderer Seite heraus, dass die Methode doch nicht ganz unfehlbar ist, so ist dies für die Entdecker allerdings nicht angenehm; es berechtigt sie deshalb aber noch lange nicht zu derartigen Auslassungen.

Unserer Ansicht nach kann eine neue Methode nur dadurch wirklich vollkommen werden, dass alle von den verschiedenen Beobachtern erzielten Werte mit einander verglichen, und etwaige Meinungsverschiedenheiten durch sachliche Auseinandersetzungen aufgeklärt werden. Um nun den Beweis zu liefern, wie sehr wir diesen Anschauungen huldigen, haben wir noch 4 Wachsproben wieder genau nach den Benedikt-Mangold'schen Angaben verseift und mit dem sogenannten aufgeschlossenen Wachse je 2 Bestimmungen ausgeführt. Jede Probe aufgeschlossenes Wachs haben wir nach dem Titrieren auf dem Sandbade nach den Hübl'schen Angaben vollständig verseift. Wir erhielten die nachstehenden Zahlen:

No.		Gesamtsäurezahl	Verseifungszahl
1	⎰	81,94	10,03
	⎱	81,76	10,50
2	⎰	82,46	10,03
	⎱	82,60	10,96
3	⎰	82,50	10,78
	⎱	82,04	10,78
4	⎰	83,67	14,51
	⎱	83,67	14,23

Die Versuche unter No. 4 sind mit dem schon oben erwähnten reinen Drohnenwachs des Herrn Apotheker Schrems in Grünstadt ausgeführt.

Auf Grund der obigen und der früher von uns mit der von Benedikt und Mangold angegebenen Verseifungsvorschrift gewonnenen Zahlen halten wir uns für voll und ganz berechtigt, diese Vorschrift auch bei der sorgfältigsten richtigen Durchführung für ungenügend und damit die Bestimmung der sogenannten Gesamtsäurezahl für unzuverlässig zu erklären. Ausserdem hat diese Methode gegenüber der alten Hübl'schen noch den grossen Nachteil, das sie bedeutend umständlicher und zeitraubender ist.

Die von Röttger*) und von Buchner**) beschriebene Ausführung der Hübl'schen Methode zur Untersuchung des Wachses deckt sich fast mit der von uns***) angegebenen. In der Hauptsache unterscheidet sie sich nur dadurch, dass die Verseifung auf dem Drahtnetze und nicht auf dem Sandbade ausgeführt wird. Wir halten das letztere aber für empfehlenswerter, da man so mit ein und derselben Flamme mehrere Bestimmungen neben einander ausführen kann, und da auch die Kölbchen nicht so leicht dem Zerspringen ausgesetzt sind.

*   *   *

Schon in den Helfenberger Annalen 1890†) machten wir auf ein Verfahren von A. u. P. Buisine††), welches den Nachweis von Kohlenwasserstoffen und von Fettalkoholen im Wachs bezweckt, aufmerksam.

Veranlasst durch eine persönliche Anregung Benedikts haben wir uns mit dieser Methode im letzten Jahre etwas näher beschäftigt. Erhitzt man Fettalkohole mit Kalikalk, so verwandeln sie sich unter Abspaltung von Wasserstoff in die entsprechenden Säuren, welche durch den Kalikalk gebunden werden, während die Kohlenwasserstoffe unverändert bleiben.

Die Ausführung der Untersuchung gestaltet sich nach den Angaben von A. u. P. Buisine in der folgenden Weise:

Man schmilzt 2—10 g Wachs in einer kleinen Porzellanschale, setzt das gleiche Gewicht gepulvertes Ätzkali hinzu und

---

*) Chemiker-Zeitung 1892, 1837.
**) Chemiker-Zeitung 1892, 1923.
***) Helfenberger Annalen 1891, 37 u. 38.
†) Helfenberger Annalen 1890, 50.
††) Chemiker-Zeitung 1890. Rep. 226 und Apotheker-Zeitung 1890, 390.

mischt gut. Die nach dem Erkalten harte Masse pulverisiert man und mischt mit 3 Th. Kalikalk. Darauf bringt man die Mischung in eine Eprouvette, bedeckt sie mit einer Schicht Kalikalk, welche den Zweck hat, alle Feuchtigkeit zurückzuhalten. Man verringert den Luftraum noch möglichst mit einem oben und unten zugeschmolzenen Glasrohre, füllt den noch übrigbleibenden leeren Raum mit Kalikalk und verbindet die Eprouvette mit einer vollständig mit Quecksilber gefüllten Hofmann'schen Bürette. Nachdem man einen Teil des Quecksilbers hat ausfliessen lassen und den dadurch entstehenden leeren Raum unter Beobachtung von Barometer und Thermometer mit der äusseren Luft ins Gleichgewicht gebracht hat, erhitzt man die Mischungen in dem von C. Hell*) angegebenen Luftbade allmählich auf 250—300⁰ C und hält sie so lange auf einer Temperatur von ungefähr 300⁰ C, bis sich kein Wasserstoff mehr entwickelt. Nach dem Erkalten liest man zunächst unter Beobachtung von Luftdruck und Temperatur das Volumen des Gases ab. Darauf pulverisiert man die in der Eprouvette enthaltene Mischung und extrahiert etwa 2 Stunden mit wasserfreiem Äther (wir benutzen den Barthel'schen Extraktionsapparat). Den Rückstand des ätherischen Auszuges trocknet und wägt man.

Wir fanden nach der vorstehenden Methode:

K o h l e n w a s s e r s t o ff e.

Wachs vom Lager	Reines Drohnenwachs
I) 14,6 °/₀	13,8 °/₀
II) 15,0 „	13,3 „

Die Jodzahlen dieser Kohlenwasserstoffe waren

21,92 und 22,35.

Der Schmelzpunkt lag bei

52,5 und 53,0⁰ C.

Nach A. u. P. Buisine**) enthält reines Wachs

12,5—14,0 °/₀ Kohlenwasserstoffe, welche

den Schmelzpunkt 49,5⁰ C,

die Jodzahl 22,05

haben.

*) Liebigs Annalen 223, Tafel III.
**) Chemiker-Zeitung 1890, Rep. 226.

Während also die von uns mit reinem Drohnenwachs erhaltenen Zahlen in dieser Beziehung mit den von A. u. P. Buisine eine befriedigende Übereinstimmung zeigen, war dies mit dem Wasserstoff nicht der Fall. Die Menge desselben soll nach den ebengenannten Autoren für 1 g Wachs 53,5—57,5 ccm betragen. Es gelang uns nur eimnal über 50 ccm zu erhalten. Wir haben unsere diesbezüglichen Versuche aber noch nicht abgeschlossen und werden seiner Zeit über dieselben berichten. Jedenfalls sind wir auch zu der Überzeugung gekommen, dass es sehr wohl möglich sein wird, mit der A. u. P. Buisine'schen Wachsuntersuchungs-Methode noch einen Gehalt von 3 % Ceresin nachzuweisen. Wir hoffen bei der nächsten Gelegenheit auch hierüber weitere Erfahrungen mitteilen zu können.

Charta exploratoria.

Die seiner Zeit von uns eingeführten Reagenspapiere mit bezifferter Empfindlichkeit haben sich immer weitere Anerkennung erworben. Der beste Beweis hierfür dürfte in der Thatsache liegen, dass ein grosser Teil der Reagenspapiere jetzt nach Muster verlangt wird. Die Wünsche bezüglich der Empfindlichkeit gehen nach wie vor sehr weit auseinander.

Die Fabrikation der Reagenspapiere ist, so einfach sie auch erscheinen mag, mit manchen Schwierigkeiten verknüpft. Jede Sendung Lakmus und jede Sendung Papier verlangt eine etwas andere Behandlung, wenn man ein Reagenspapier von bestimmter Empfindlichkeit erzielen will.

Welche Unzuträglichkeiten eine nicht sachgemässe Darstellung von Reagenspapieren hervorrufen kann, wird sehr schön durch das folgende Vorkommnis beleuchtet:

Ein Apotheker teilte uns unterm 23. Oktober 1892 mit, dass ihm vor einiger Zeit bei der Revision ein Höllenstein beanstandet worden sei, weil er bei der Prüfung mit einem selbst dargestellten Reagenspapiere saure Reaktion gezeigt habe. Jetzt habe sich bei der nochmaligen Prüfung mit einem von uns bezogenen Papiere herausgestellt, dass das Argentum nitricum neutral sei! Die von uns mit den von dem betreffenden Herren eingesandten Proben Papier und Silbernitrat ausgeführten Versuche bestätigten diese Mitteilung vollständig. Auch unser Silbernitrat, welches in jeder Beziehung dem Deutschen Arzneibuche III entsprach, färbte das betreffende Papier rot!

Leider konnte man uns die Vorschrift, nach welcher das Reagenspapier vor mehreren Jahren dargestellt worden war, nicht mehr mitteilen. Wir sind daher auch nicht in der Lage, eine bestimmte Erklärung für das eigentümliche Verhalten desselben zu geben

Im letzten Jahre versuchten wir das Jodeosin, welches in ätherischer Lösung ein sehr empfindlicher Indikator für Alkalien ist, zur Darstellung von Reagenspapieren zu benützen. Die betreffenden Versuche ergaben aber kein befriedigendes Resultat. Die höchste Empfindlichkeit, welche erreicht wurde, war 1 : 10 000, also bei weitem nicht die des Lakmuspapieres.

Charta sinapisata.

Das in der hiesigen Fabrik dargestellte Senfpapier kam im letzten
Jahre 24 mal zur Untersuchung.

Wir geben die betreffenden Zahlen hier wieder:

Senfmehl auf 100 qcm	Senföl	% Senföl auf Mehl berechnet
2,56	0,0331	1,29
2,52	0,0323	1,28
2,20	0,0279	1,27
2,78	0,0344	1,27
2,19	0,0269	1,23
2,39	0,0279	1,17
2,29	0,0241	1,05
2,07	0,0223	1,08
2,76	0,0335	1,21
1,69	0,0202	1,19
1,50	0,0169	1,12
2,11	0,0244	1,15
2,45	0,0288	1,17
2,50	0,0290	1,16
2,52	0,0280	1,11
2,25	0,0247	1,10
2,32	0,0254	1,09
2,21	0,0247	1,11
2,78	0,0322	1,16
2,94	0,0344	1,17
2,62	0,0280	1,07
3,10	0,0331	1,07
2,96	0,0367	1,24
2,81	0,0310	1,10
1,50—3,10	0,0169—0,0367	1,05—1,29

Die vorstehenden Werte bewegen sich in durchaus normalen
Grenzen.

Emplastra.

Im vergangenen Jahre haben wir wieder von einer ganzen Anzahl Pflasterproben den Gewichtsverlust bei 100 ° C bestimmt. Umstehende Tabelle enthält die betreffenden Zahlen. Zu denselben ist zu bemerken, dass die Pflaster in ganz frischem Zustande untersucht wurden.

Wie wir schon früher berichteten, setzen wir dem Seifenpflaster eigens Wasser zu, um die vom Deutschen Arzneibuch fälschlich vorgeschriebene Farbe zu erreichen. Dies ist der Grund für den hohen Gewichtsverlust dieses Pflasters. Zwei verhältnismässig hohe Zahlen (6,05 und 4,35), von denen die eine mit Empl. adhaesiv. mite Dieterich, die andere mit Empl. Litharg. comp. erhalten wurde, konnten auf einen Wassergehalt der diesen Pflastern zugesetzten Harze zurückgeführt werden.

Extracta.

Wir freuen uns dieses Mal einen nicht unbedeutenden Fortschritt in der Wertschätzung der Extrakte feststellen zu können. Wenigstens glauben wir infolge einer Anzahl offizieller und nicht offizieller Veröffentlichungen über die Prüfung der Extrakte hierzu berechtigt zu sein. So schreibt die neue Dänische Pharmacopöe*) den qualitativen Nachweis von Alkaloiden in den narkotischen Extrakten vor. Bei Extractum Belladonnae und Hyoscyami soll man 10 g einer Lösung 1:50 mit 5 Tropfen Ammoniakflüssigkeit (10 °/0) alkalisch machen und dann die Mischung mit 10 g Äther ausschütteln. Die Ausschüttelung soll man auf dem Wasserbade zur Trockne verdampfen und den Rückstand mit 2 Tropfen verdünnter Salzsäure (10 °/0) und 10 Tropfen Wasser aufnehmen. Wenn man diese Lösung mit 1 Tropfen Jodwismut-Jodkaliumlösung versetzt, so soll bei Belladonnaextrakt ein r e i c h l i c h e r, mennigroter Bodensatz entstehen. Bei Hyoscyamusextrakt wird nur ein mennigroter (kein reichlicher) Bodensatz verlangt.

Extractum Strychni soll in der Weise geprüft werden, dass man 0,1 g mit 10 g Wasser anreibt, die Lösung mit 5 Tropfen Ammoniak-

---

*) Pharmaceutische Zeitung 1893, 344.

% Verlust bei 100 °C	Empl. adhaesivum mite Dieterich	Empl. adhaesivum D. A. III.	Empl. Cerussae	Empl. Lithargyri	Empl. Lithargyri compos.	Empl. Lithargyri comp. rubr.	Empl. saponatum	Empl. saponatum rubr.
	3,55	2,65	1,70	1,70	2,45	2,10	4,85	5,00
	6,05	2,45	2,05	1,55	2,45	2,05	4,70	5,05
	—	3,05	2,45	1,90	3,15	—	6,25	4,65
	—	3,60	1,10	2,25	2,50	—	5,80	5,95
	—	—	1,85	—	2,35	—	4,90	4,80
	—	—	—	—	2,95	—	5,65	—
	—	—	—	—	2,05	—	—	—
	—	—	—	—	3,15	—	—	—
	—	—	—	—	4,35	—	—	—
	—	—	—	—	2,50	—	—	—
	—	—	—	—	3,15	—	—	—
	—	—	—	—	2,05	—	—	—
	3,55—6,05	2,45—3,60	1,10—2,45	1,55—2,25	2,05—4,35	2,05—2,10	4,70—6,25	4,65—5,95

flüssigkeit (10 %) alkalisch macht und dann mit 10 g Chloroform ausschüttelt. Die Ausschüttelung soll man auf dem Wasserbade eindampfen und den Rückstand so behandeln, wie wir es oben bei Extractum Belladonnae und Hyoscyami angegeben haben. Mit Jodwismut-Jodkaliumlösung soll man einen starken Niederschlag erhalten. Der Rückstand der Ausschüttelung soll in verdünnter Salzsäure löslich sein und sich mit Salpetersäure schön blutrot färben.

Bei Extractum Ipecacuanhae fluidum sollen 10 g einer Verdünnung 1:50 genau wie Extractum Belladonnae und Hyoscyami behandelt werden. Auch hier soll mit Jodwismut-Jodkaliumlösung ein starker Niederschlag entstehen.

Nach der demnächst erscheinenden neuen Schweizer Pharmacopöe sollen, wie verlautet, die narkotischen Extrakte in der Weise identifiziert werden, dass man die Alkaloide mit Quecksilberjodid-Jodkaliumlösung aus den angesäuerten Extraktlösungen zunächst fällt, aus diesen Niederschlägen die Alkaloide nach Zusatz von Natronlauge durch Ausschütteln mit Äther gewinnt und mit den Rückständen dieser Ausschüttelungen dann die entsprechenden Identitätsreaktionen ausführt. Von einer quantitativen Bestimmung der Alkaloide soll sie dagegen bei allen narkotischen Extrakten, mit Ausnahme von Extractum Strychni und Opii, ebenfalls abgesehen haben.

Wenn wir auch die oben kurz angedeuteten Bestimmungen der beiden neuen Arzneibücher immerhin als einen ganz bedeutenden Fortschritt bezeichnen müssen, so können wir sie doch noch nicht für genügend erklären. In der Dänischen Pharmacopöe vermissen wir nicht nur quantitative Untersuchungsmethoden, sondern auch, mit Ausnahme von Extractum Strychni, einen wirklichen Identitätsnachweis. Die Schweizer Pharmacopöe scheint, den Identitätsnachweis allerdings bei allen narkotischen Extrakten, eine quantitative Bestimmung der Alkaloide aber nur bei Extractum Strychni vorgeschrieben zu haben.

Einen weiteren Beweis des steigenden Interesses für die Extrakte liefern eine Anzahl von privater Seite veröffentlichte Arbeiten.

Fr. Hoffmann*) schlägt als Menstruum zur Darstellung von Extrakten Essigsäure vor.

O. Linde**) veröffentlichte zwei sehr beachtenswerte Arbeiten über Fluidextrakte. Die eine beschäftigt sich mit der Darstellung, die andere

---

*) Pharmaceutische Rundschau, New-York, 1893, 40.
**) Pharmaceutische Centralhalle 1892, 364 und 517.

mit der Prüfung. Wir werden auf beide Aufsätze weiter unten zurückkommen. Mit der Prüfung und Wertschätzung narkotischer Extrakte beschäftigen sich die Arbeiten von A. Partheil*), Bedall**), van Ledden Hulsebosch***), Keller†), J. Stiglitz††) und F. A. Thomsen†††). Die zuletzt genannten beiden Autoren geben Untersuchungsmethoden für die amerikanischen Fluidextrakte an.

J. Stiglitz schüttelt die Extrakte entweder direkt oder nachdem er sie mit Sand oder Bimstein eingetrocknet hat, mit einer Äther-Alkohol-Ammoniakmischung aus. Die Rückstände dieser Ausschüttelungen löst er in verdünnter Schwefelsäure, schüttelt die sauren Lösungen zunächst mit Äther und dann, nachdem er sie mit Ammoniak oder Natronlauge alkalisch gemacht hat, mit Äther-Chloroform aus. Die nach dem Verdunsten dieser letzteren Ausschüttelungen zurückbleibenden Alkaloide titriert oder wägt er.

F. A. Thomsen lässt die Extrakte mit Sägespänen eintrocknen und dann mit einer ähnlichen Mischung wie Stiglitz ausschütteln. Die Ausschüttelung macht er mit verdünnter Schwefelsäure deutlich sauer, dampft ein und schüttelt mit Äther aus. Nachdem der Äther verjagt ist, macht er mit Ammoniak alkalisch und entzieht der Mischung die Alkaloide durch Schütteln mit einer Äther-Chloroformmischung. Die Auszüge werden in einem tarierten Schälchen eingedampft, bei ca. 80° C getrocknet und nach dem Erkalten gewogen. Beide Arbeiten bieten kaum etwas Neues und sind ausserdem so wenig ausgearbeitet, dass wir uns ein näheres Eingehen auf dieselben wohl ersparen dürfen.

In der Arbeit von A. Partheil, welche von E. Schmidt auf der 21. Generalversammlung des Deutschen Apothekervereins vorgetragen wurde, wird das Jodeosin als Indikator bei der Titration der Alkaloide empfohlen. Zur Isolierung der Alkaloide aus den Extrakten empfiehlt der Verfasser die Helfenberger Äther-Kalk-Methode. Wir werden auf die Arbeit nochmals zurückkommen. Auch Bedall empfiehlt die Äther-Kalk-Methode und das Jodeosin.

---

*) Apotheker-Zeitung 1892, 435.
**) Apotheker-Zeitung 1893, 11.
***) Pharmaceutische Centralhalle 1893, 101.
†) Schweizer Wochenschrift für Chemie und Pharmacie 1892, Nr. 51 und 52.
††) Pharmaceutische Rundschau, New-York, durch Apotheker-Zeit. Rep. 1892, 38.
†††) Pharmaceutische Zeitung 1892, 106.

Die Arbeit von Keller beschäftigt sich in der Hauptsache mit der Bestimmung des Emetins in der Rad. Ipecacuanhae. Sie bringt aber einige einleitende Worte, in welcher gegen die Helfenberger Alkaloidbestimmungsmethode veraltete, schon längst widerlegte Einwendungen gemacht werden. Selbst Beckurts*), welcher in der Arbeit als Gegner der Äther-Kalk-Methode angeführt wird, hat zugegeben, dass die Urteile über diese Methode günstig gelautet haben, nachdem die Helfenberger Vorschrift genau befolgt worden ist.

Nun, wir glauben, dass man für ungenügende Resultate, welche man durch ungenaue Befolgung einer Bestimmungsmethode erzielt, wie dies in dem vorliegenden Falle ausdrücklich verschiedentlich zugegeben worden ist, doch wohl kaum die Methode verantwortlich machen kann?! Da uns die Keller'sche Arbeit aber zu beweisen scheint, dass die Ausführung der hier ausgearbeiteten Alkaloidbestimmungsmethode noch immer nicht genügend bekannt ist, so geben wir im folgenden die Vorschrift zu derselben, wie sie in der Hauptsache schon seit mehreren Jahren in dem hiesigen Laboratorium ausgeführt wird.

Man löst, wenn es sich um die Untersuchung von Extractum Aconiti, Belladonnae und Hyoscyami handelt

2 g,

handelt es sich aber um Extractum Strychni, nur

1 g Extrakt

in

3 ccm destilliertem Wasser

und mischt, ohne stark zu drücken, mit

10 g reinem, grobgepulverten Calcium oxy d
(CaO aus Marmor).

Die krümliche Mischung füllt man sofort in einen Extraktionsapparat und extrahiert sofort $^3/_4$—1 Stunde mit Äther. (Wir benutzen nach wie vor den Barthel'schen-Apparat**). Will man den Soxhlet'schen oder einen ähnlichen Apparat benutzen, so hat man das Gemisch sofort in eine entsprechende Hülse zu füllen und sofort zu extrahieren. Vorher hat man aber unter die Patrone einen dichten Wattepfropfen zu bringen.) Nachdem die Extraktion beendet ist, bringt man den ätherischen

---

*) Helfenberger Annalen 1891, 43.
**) Helfenberger Annalen 1888, 32.

Auszug in eine tiefe Porzellanschale von 10—12 cm Durchmesser, spült das Extraktionskölbchen mit einigen Tropfen Alkohol und etwas Äther nach und lässt den Äther, nachdem man noch 3—5 Tropfen Wasser hinzugesetzt hat, auf dem Wasserbade verdunsten. Den Rückstand löst man in möglichst wenig (etwa 0,5—1 ccm Alkohol) und setzt der Lösung 1—2 ccm Wasser hinzu. Nachdem man die Mischung dann noch mit 2—3 Tropfen Rosolsäurelösung (1 : 100) versetzt hat, titriert man mit $^1/_{100}$ bezw. bei Extr. Strychni mit $^1/_{20}$ Normal-Schwefelsäure.

Die Arbeit von van Ledden Hulsebosch bringt eine neue Methode zur Bestimmung von Alkaloiden in Extrakten. Wir werden auf dieselbe nochmals zurückkommen.

Extracta spissa et sicca.

Mit allen dicken und trockenen Extrakten, welche zur Untersuchung kamen, führten wir die von uns im vorigen Jahre ausgearbeiteten Identitätsreaktionen aus. Die Resultate waren durchaus zufriedenstellend. Im übrigen setzten wir die Untersuchung in der bisherigen Weise fort. Wir erhielten die nachstehenden Zahlen:

Extractum	% Feuchtigkeit	% Asche	K_2CO_3 in 100 Asche	% Alkaloide
Absinthii	24,25	23,00	47,7	—
Aloës	7,50	1,00	8,5	—
„	6,45	1,05	Spuren	—
Belladonnae . . .	—	—	—	1,24
„ sicc.	—	—	—	0,73
Calami	23,75	8,45	16,38	—
Cascarae Sagrad.	17,55	2,80	50,52	—
„ „	22,05	3,10	11,13	—
Cascarillae	25,20	31,50	5,71	—
„	18,10	29,25	16,10	—
Chinae aquos . .	25,95	6,70	20,08	—
„ spirit. . .	6,55	2,85	—	—
„ „ . .	4,25	1,95	7,08	—
Colocynthidis . .	1,80	15,85	52,37	—
„ . .	2,65	19,35	45,47	—
„ . .	2,35	16,10	49,83	—

Extractum	% Feuchtigkeit	% Asche	K_2CO_3 in 100 Asche	% Alkaloide
Colombo sicc. . .	7,85	15,30	53,33	—
Cubebarum . . .	32,70	0,50	—	—
Dulcamarae . . .	26,30	11,30	36,64	—
Ferri pomatum .	30,55	10,75	17,65	— 6,20
„ „ .	22,85	11,25	14,57	— 6,73
„ „ .	29,15	10,45	14,20	— 5,60
Filicis	1,15	0,50	—	—
„	1,60	0,50	—	—
„	1,75	0,45	—·	—
Helenii	25,85	8,90	47,49	—
Hyoscyami. . . .	—	—	—	0,95
„	—	—	—	0,67
„	—	—	—	0,52
„	—	—	—·	0,61
„	—	—	—	0,81
„ sicc. .	—	—	—	0,32
„ „ .	—	—·	—	0,42
„ „ .	—	—	—	0,51
Liquiritiae radic.	26,35	5,15	26,80	—
„ „	24,85	5,80	39,51	—
„ „	26,40	5,05	48,30	—
Malti	24,05	1,30	—	—66,74
„	30,25	1,50	—	—64,35
„	25,95	1,35	—	—67,89
„	26,20	1,20	—	—53,19
Myrrhae	11,40	6,50	3,72	—
Opii	—	—	—	23,35
„	—	—	—	29,20
Quassiae	4,0	17,85	15,13	—
Rhei	11,00	5,90	38,00	—
„	10,75	6,20	48,71	—
„	6,45	6,70	47,63	—
Scillae	18,40	0,70	43,57	—
Secalis cornuti .	18,30	11,30	36,65	—

In der Alkaloid-Spalte bezeichnet die Klammer bei Ferri pomatum „% Fe", bei Malti „% Maltose".

Extractum	% Feuchtigkeit	% Asche	K_2CO_3 in 100 Asche	% Alkaloide
Secalis cornuti .	23,30	13,25	33,85	—
„ „ .	21,10	13,95	32,40	—
„ „ .	18,90	11,10	37,61	—
Strychni	—	—	—	17,29
„	—	—	—	16,19
Tamarindorum .	27,60	1,90	60,00	— 17,81 % fr. Säure
Taraxaci	21,85	22,10	49,20	—
Trifolii fibrini . .	23,90	18,30	69,75	—
Valerianae	26,05	6,55	39,50	—

Die in der vorstehenden Tabelle enthaltenen Werte entsprechen denen der früheren Jahre.

Extracta fluida.

Als der grösste Nachteil bei der Darstellung der Fluidextrakte ist von jeher das unvermeidliche Eindampfen des Nachlaufes empfunden worden. In der schon oben erwähnten Arbeit kommt nun Linde zu dem Schluss, dass die Vorschrift des Deutschen Arzneibuches III insofern unpraktisch sei, als sie das Rohmaterial mit zuviel Menstruum anfeuchten liesse. Durch eine Anzahl Versuche weist er nach, dass die geeignetste Menge Flüssigkeit zum Anfeuchten bei der Darstellung von Extractum Cascarae Sagradae fluidum 200 ccm auf 300 g pulv. gross. sei. Linde ist ferner der Ansicht, dass, wenn dieses Verhältnis auch nicht für alle Drogen zutreffe, ein Anfeuchten des Drogenpulvers mit 25—60 % vom Gewicht der Droge am zweckmässigsten sei. Zum Schluss macht er den Vorschlag, bei der Darstellung der Fluidextrakte jedes Eindampfen zu vermeiden und das fertige Extrakt auf einen bestimmten Gehalt einzustellen. Wir können ihm hierin nur vollständig beistimmen.

Bei den Fluidextrakten, welche hier im letzten Jahre zur Untersuchung gelangten, bestimmten wir, wie bisher das spezifische Gewicht, den Trockenrückstand und die Asche. Ausserdem führten wir noch mit einem jeden die entsprechenden Identitätsreaktionen aus.

Die quantitative Untersuchung ergab die nachstehenden Zahlen:

Extractum fluidum	Spez. Gew.	% Trocken-rückstand	% Asche
Cascarae Sagradae. . . .	1,076	28,75	0,90
„ „	1,065	22,94	0,84
Coca	1,026	24,02	1,50
Frangulae D. A. III . .	1,014	19,32	0,30
Hamamelidis	1,064	22,58	1,86
Hydrastis canad. D. A. III	0,996	20,24	0,92
„ „	0,995	20,12	0,96

Vergleicht man die vorstehenden Werte untereinander und mit denjenigen, welche wir in den vorhergehenden Jahren erhalten haben, so müssen sofort die z. T. ganz bedeutenden Differenzen auffallen. Wir halten daher das Einstellen der Fluidextrakte auf einen bestimmten Trockenrückstand, wie wir schon oben erwähnten, für sehr wünschenswert.

In seiner zweiten Arbeit „Zur Prüfung der Fluidextrakte" bringt Linde eine Reihe von Zahlen, welche er bei der Untersuchung von Fluidextrakten verschiedener Herkunft erhielt. Wir geben die niedrigsten und höchsten hier wieder:

Extractum fluidum	Spez. Gew.	% Trockenrückst.
Cascarae Sagradae	1,043 — 1,081	18,04 — 28,00
Condurango	0,970 — 1,031	8,90 — 20,00
Frangulae	1,022 — 1,038	11,30 — 20,90
Hydrastis	0,933 — 1,017	11,68 — 22,00
Secalis cornuti	0,995 — 1,052	13,02 — 18,47

Den von uns angegebenen Identitätsreaktionen für Fluidextrakte fügt Linde noch einige neue hinzu. Als weiteres Beurteilungsmittel zieht er die Intensität der Färbung heran. Seine Forderungen gipfeln auch in dem von uns*) aufgestellten Satze: erst Identitätsnachweis und dann quantitative Bestimmung.

---

*) Helfenberger Annalen 1891, 50.

Über die Brauchbarkeit des Jodeosins als Indikator bei der Bestimmung von Alkaloiden in narkotischen Extrakten etc.

A. Partheil*) empfiehlt in der schon oben erwähnten Arbeit die von Mylius und Forster**) zur Bestimmung der Alkalität des Glases benützte ätherische Jodeosin-Lösung (0,002 Jodeosin auf 1 Lit. Äther) bei der Bestimmung der Alkaloide in den narkotischen Extrakten und im Opium als Indikator zu verwenden. Zur Isolierung der Alkaloide benützt er die Äther-Kalk-Methode bezw. die Helfenberger Morphin-Bestimmungsmethode. Die Alkaloide löst er in dem Extraktionskölbchen in $^1/_{100}$ bezw. $^1/_{10}$ Normal-Schwefelsäure (bei Extr. Strychni in 75 ccm, bei Extr. Belladonnae, Hyoscyami und Aconiti in 50 ccm $^1/_{100}$, bei Opium und Extr. Opii in 25 ccm $^1/_{10}$ Normalsäure) und bringt dann die Lösung oder einen aliquoten Teil derselben in eine etwa 250 ccm fassende Flasche mit sehr gut schliessendem Glasstopfen. Darauf setzt er noch eine fingerhohe Schicht Äther und etwas Jodeosin-Lösung hinzu und titriert den Säureüberschuss mit $^1/_{100}$ Normal-Kalilauge zurück. Beim Titrieren muss man nach jedem Zusatz von Kalilauge umschütteln. Die Endreaktion ist dann erreicht, wenn die wässerige Schicht eine deutliche Rosafärbung zeigt.

Wir haben nach der vorstehenden Methode den Alkaloidgehalt von Opium und Extractum Hyoscyami bestimmt und können die Angaben des Verfassers, was Empfindlichkeit des Indikators anbetrifft, durchaus bestätigen. Wir fanden aber jedesmal zuviel Alkaloid.

Versuche mit reinem Morphin überzeugten uns, dass dies Zuviel nur auf Rechnung der Alkalität des Glases zu setzen sei.

Wir sind uns sehr wohl bewusst, dass bei jeder acidimetrischen Bestimmung, welche in einem Glasgefässe ausgeführt wird, ein Fehler infolge der Alkalität des Glases gemacht wird. Dieser Fehler fällt aber beim Arbeiten mit Normal- und $^1/_2$ Normalflüssigkeiten fast gar nicht, mit $^1/_{10}$ Normalflüssigkeiten wenig, beim Arbeiten mit $^1/_{100}$ Normalflüssigkeiten dagegen sehr ins Gewicht. Die nebenstehenden Beleganalysen dürften dies zur Genüge beweisen.

---

*) Apotheker-Zeitung 1892, 435.
**) Berliner Berichte 1891, 1482.

I.

Morphin nach der Helfenberger Methode*) aus dem Opium gewonnen,

1. bei 100 °C bis zum konstanten Gewicht getrocknet, gewogen und auf H_2O haltiges Morphin umgerechnet.	2. nach den Angaben von A. Partheil titriert und	
	a) ohne Berücksichtigung der Alkalität des Glases berechnet.	b) mit Berücksichtigung der Alkalität des Glases berechnet.
12, 29 % Morphin	13, 25 % Morphin	12, 39 % Morphin
12, 31 „ „	13, 52 „ „	12, 35 „ „
12, 16 „ „	13, 44 „ „	12, 29 „ „

II.

0,345 reines Morphin in 20 ccm $^1/_{10}$ Normal-Schwefelsäure gelöst, Lösung auf 100 ccm aufgefüllt und dreimal je 20 ccm der Lösung nach den Angaben von A. Partheil mit $^1/_{100}$ Normal-Kalilauge zurücktitriert. Bei der Berechnung die Alkalität des Glases nicht berücksichtigt.

Morphin

abgewogen	gefunden
0,345	0,3740
	0,3740
	0,3712

III.

0,3575 reines Morphin auf die vorstehende Art und Weise gelöst und titriert aber mit Berücksichtigung der Alkalität des Glases berechnet.

Morphin

abgewogen	gefunden
0,3575	0,3580
	0,3572
	0,3565

IV.

Alkaloidbestimmung im Extr. Hyoscyami.

Alkaloide mit Hilfe der Äther-Kalk-Methode isoliert, nach den Angaben von A. Partheil titriert und

a) ohne Berücksichtigung der Alkalität des Glases berechnet.	b) mit Berücksichtigung der Alkalität des Glases berechnet.
0,809 % Alkaloide.	0,6079 % Alkaloide.

---

*) Helfenberger Annalen 1890, 66.

Wir glauben durch die vorstehenden Zahlen hinreichend bewiesen zu haben, dass eine Berücksichtigung der Alkalität des Glases nicht umgangen werden kann, wenn man die Alkaloide durch Zurücktitrieren unter Benutzung des Jodeosins als Indikator bestimmen will.

Da die Alkalität der verschiedenen Glassorten sehr verschieden ist, so ist es erst recht notwendig, dieselbe zu berücksichtigen.

Die von uns zum Extrahieren und zum Titrieren benützten Gläser verbrauchten je nach Grösse und Glassorte 0,5—1,3 ccm $^1/_{100}$ N-H²SO⁴, wenn wir sie unter den beim Titrieren der Alkaloide eingehaltenen Bedingungen mit Säure- und Jodeosin-Lösung schüttelten.

Der durch die Alkalität des Glases bedingte Fehler lässt sich am leichtesten dadurch beseitigen oder doch wenigstens ganz bedeutend verringern, dass man mit derjenigen Anzahl ccm $^1/_{10}$ oder $^1/_{100}$ Normal-Schwefelsäure, welche man zum Lösen der Alkaloide benützen will, zunächst einen blinden Versuch in denselben Gefässen unter möglichst gleichen Bedingungen ausführt und den auf diese Weise gefundenen Titer in Rechnung stellt. Da der Fehler aber auch so nicht immer vollständig beseitigt wird, so halten wir die direkte Titrierung der Alkaloide in einer Porzellanschale, wie wir sie schon seit Jahren ausführen*), noch immer für die zuverlässigere. Dieselbe hat ausserdem noch den Vorzug grösserer Einfachheit.

*　　*　　*

Nach einer liebenswürdigen brieflichen Mitteilung des Herrn Prof. Dr. E. Schmidt decken sich unsere Beobachtungen vollständig mit denjenigen, welche bei der Verwendung des Jodeosins als Indikator im pharm. chem. Institute in Marburg gemacht worden sind. Herr Prof. Schmidt lässt die $^1/_{100}$ Normal-Kalilauge gegen 50 ccm $^1/_{100}$ Normal-Schwefelsäure daher stets unter denselben Bedingungen einstellen, unter welchen die Titration ausgeführt wird und betrachtet diese einfache Art der Einstellung als eine selbstverständliche Voraussetzung für die Exaktheit der Methode. Nur unter diesen Bedingungen wurden im pharm. chem. Institut zu Marburg Resultate erzielt, die nichts zu wünschen übrig liessen.

---

*) Helfenberger Annalen 1886, 24.

Über die von van Ledden Hulsebosch angegebene neue Methode zur Bestimmung von Alkaloiden in narkotischen und anderen Extrakten.

Eine neue Methode zur Bestimmung von Alkaloiden in Extrakten ist von van Ledden Hulsebosch*) angegeben worden. Er benützt den seiner Zeit von A. Smetham**) angegebenen Apparat in etwas abgeänderter Form. Derselbe gestattet die kontinuierliche Extraktion einer Extraktlösung mit Äther oder einer anderen leichten Flüssigkeit, welche sich nicht mit Wasser mischt.

Van Ledden Hulsebosch hat seine Methode bei Extractum Chinae und Cortex Chinae in Anwendung gebracht und nach seinen Angaben sehr günstige Resultate erzielt. Als Vorteile der sogenannten Perforationsmethode giebt er an:

1. Es wird Äther verwendet.

2. Durch Ansäuern der Lösungen kann man die Verunreinigungen entfernen.

3. Die Alkaloide werden gelöst.

4. Obgleich nur 25 ccm Äther nötig sind, bietet man dem Alkaloide eine unbegrenzte Menge zur Lösung dar.

5. Man kann u. a. Cinchona- und Strychnosalkaloide in reinem Zustande und krystallinisch wägen.

6. Die Gefahr der Zersetzung der Alkaloide ist geringfügig.

7. Die Methode ist einfach, nimmt wenig Zeit in Anspruch und verlangt keine ununterbrochene Aufmerksamkeit.

8. Man kann für den Apparat andere leichte Flüssigkeiten, wie Petroleumbenzin, Benzol, Amylalkohol benützen.

Eine Methode mit so vielen Vorzügen musste natürlich unser Interesse in hohem Masse in Anspruch nehmen. Vor allem interessierte uns ihre Brauchbarkeit für die Untersuchung von Extr. Belladonnae, Hyoscyami, Strychni und Aconiti. Mit den drei ersten Extrakten haben wir eine Anzahl Versuche ausgeführt. Der Apparat arbeitete, wenn sorgfältig gekühlt wurde, ganz vorzüglich. Über die Resultate werden wir im folgenden berichten.

---

*) Pharmaceutische Centralhalle 1893, 101.
**) Chemiker-Zeitung 1892, Rep. 91.

Extractum Hyoscyami.

In einem kleinen Becherglase lösten wir 2 g Extrakt in 7 ccm Wasser, brachten die Lösung in den Perforator und spülten das Becherglas mit 2 ccm Wasser und 3 ccm Ammoniakflüssigkeit nach. Wir perforierten die Mischung zunächst 2 Stunden, dann $1\,^1/_2$ und schliesslich nochmal 2 Stunden. Bei der Titration ergaben die einzelnen Rückstände der betreffenden Auszüge die nachstehenden Zahlen:

Extraktionsdauer.	$^0/_0$ Alkaloide	
	I.	II.
2 Stunden extrahiert . .	0,405	0,405
Weitere $1\,^1/_2$ „　　　„　. .	0,202	0,231
„　2　„　　　„　. .	0,203	0,187
Gesamtalkaloidgehalt . .	0,810	0,823

In demselben Extrakte waren nach der Äther-Kalkmethode

0,824 $^0/_0$ Alkaloide

gefunden worden.

Der Äther hatte demnach nach 2 Stunden erst etwa die Hälfte der in der Extraktlösung enthaltenen Alkaloide aufgenommen. Hierzu kam noch, dass die Rückstände des ätherischen Auszuges ziemlich stark gefärbt waren, so dass die Titration dadurch sehr erschwert wurde. Diese Erfahrungen veranlassten uns, nach einer Änderung des Verfahrens zu suchen, welche eine schnellere Erschöpfung der Extraktlösung ermöglichen und ausserdem noch farblose oder fast farblose Alkaloide liefern würde.

Die schnellere Extraktion hofften wir dadurch zu erzielen, dass wir die Extraktlösung zunächst mit dem gleichen Volumen Chloroform schüttelten, die gebildete Emulsion in den Perforator brachten und dann erst das Ammoniak hinzusetzten. Leider war der Erfolg aber ein negativer. Bei dem Versuche die Emulsion zu perforieren wurden fortwährend Teile derselben mit übergerissen.

Ein anderer Versuch, welchen wir in der Weise ausführten, dass wir die Extraktlösung vor dem Perforieren zunächst mit 3 ccm Chloroform und dann mit 20 ccm Äther anschüttelten, hatte insofern einen besseren Erfolg, als wenigstens von der Extraktlösung nichts übergerissen wurde. Die Rückstände der Auszüge waren aber so stark gefärbt, dass von einer nur einigermassen genauen Titration überhaupt nicht die Rede sein konnte. Ein Anschütteln der Extraktlösung mit Äther, Zusatz von Ammoniak und darauf folgende Perforation ergab annähernd dieselben Resultate wie direkte Perforation:

$$2 \text{ Stunden perforiert } 0,433\,^0/_0 \text{ Alkaloide,}$$
$$\text{Weitere } 1^1/_2 \quad \text{\textit{„}} \qquad \text{\textit{„}} \qquad 0,173 \text{ \textit{„}} \qquad \text{\textit{„}}$$
$$\text{\textit{„}} \quad 2 \qquad \text{\textit{„}} \qquad \text{\textit{„}} \qquad 0,144 \text{ \textit{„}} \qquad \text{\textit{„}}$$

Gesamtalkaloidgehalt 0,750

Weitere Versuche in dieser Richtung gaben wir vorläufig auf.

Wir suchten nun nach Mitteln und Wegen mit der Perforationsmethode einen farblosen ätherischen Auszug zu bekommen. Es gelang uns dies aber weder durch Zusatz von Calciumhydroxyd oder Bleiessig zu der Extraktlösung, noch durch vorherige Extraktion der sauren Lösung. Die Lösungen waren allerdings etwas weniger gefärbt. In den beiden ersten Fällen war die Perforation aber infolge Verdickung der Flüssigkeit fast unmöglich und im letzten Falle wurde die Dauer der Extraktion noch um 1—2 Stunden verlängert.

Farblose ätherische Alkaloidlösungen erhielten wir aber dadurch, dass wir die gefärbten Lösungen mit wenig Calciumoxyd und einigen Tropfen Wasser schüttelten und dann filtrierten.

Extractum Belladonnae.

2 g Extrakt lösten wir in 5 ccm Wasser, brachten die Lösung in den Perforator und spülten das Becherglas mit einer Mischung von 5 ccm Wasser und 2 ccm Ammoniak nach. Das Ganze perforierten wir bei 2 Versuchen viermal hintereinander je 2 Stunden und bei einem dritten Versuche zunächst 2 Stunden, dann 4 Stunden und schliesslich nochmals 1 Stunde. Wir erhielten die nachfolgenden Werte. Die beiden ersten Versuche sind mit I und II, der letzte ist mit III bezeichnet.

I	II	III
$1,141\,^0/_0$	$1,083\,^0/_0$	$1,213\,^0/_0$ Alkaloide
$0,087$ „	$0,158$ „	$0,173$ „ „
$0,058$ „	$0,108$ „	$0,036$ „ „
$0,072$ „	$0,021$ „	
$1,358\,^0/_0$	$1,370\,^0/_0$	$1,422\,^0/_0$ Alkaloide.

Nach der Äther-Kalkmethode enthielt das Extrakt
$$1,45\,^0/_0 \text{ Alkaloide.}$$

Extractum Strychni.

Wir verrieben 1 g Extrakt mit 3 g Wasser, brachten die Lösung in den Perforator, setzten bei dem ersten Versuche zunächst eine Mischung aus 2 ccm Salmiakgeist und 4 ccm Wasser hinzu und perforierten dann. Bei dem zweiten Versuche sättigten wir die Extraktlösung erst mit Äther und setzten dann den verdünnten Salmiakgeist hinzu. Die Perforation wurde bei jedem Versuche dreimal je 2 Stunden lang hintereinander ausgeführt. Wir erhielten die nachstehenden Zahlen:

I	II
12,74 %	12,01 % Alkaloide
1,10 „	0,91 „ „
0,18 „	0,18 „ „
14,02 %	13,10 % Alkaloide.

Nach der Äther-Kalkmethode enthielt das Extrakt
15,47 % Alkaloide.

Die mit Extractum Belladonnae und Extractum Strychni erhaltenen Resultate entsprechen vollständig denjenigen, welche wir mit Extractum Hyoscyami erhielten. Der Rückstand des ätherischen Auszuges war allerdings etwas weniger gefärbt als bei diesem Extrakte, die Färbung war aber immer noch stark genug, um sich beim Titrieren sehr unangenehm bemerkbar zu machen. Auf Grund der vorstehenden Zahlen glauben wir über die van Ledden Hulsebosch'sche Methode das folgende Urteil fällen zu dürfen:

Die Methode entspricht vorläufig weder in der Schnelligkeit der Ausführung noch in der Zuverlässigkeit der Resultate den Anforderungen, welche man an eine Alkaloidbestimmungsmethode für narkotische und andere Extrakte zu stellen berechtigt ist. Wir halten sie aber für sehr beachtenswert und auch für verbesserungsfähig.

Ferrum.

Indifferente Eisen- und Eisenmangan-Verbindungen.

Die indifferenten Eisen- und besonders die Eisenmangan-Verbindungen der hiesigen Fabrik haben sowohl in Fach- als auch in ärztlichen Kreisen in den letzten Jahren immer weitere Anerkennung gefunden. Diese Anerkennung gilt hauptsächlich den Geschmacksverbesserungen der aus denselben dargestellten Liquores. So geringfügig eine derartige Verbesserung eines Arzneimittels im ersten Augenblicke auch erscheinen mag, in dem vorliegenden Falle muss sie jedenfalls als nicht unwesentlich bezeichnet werden, wenn man bedenkt, dass nur d a s Eisenmittel, welches andauernd ohne Widerwillen genommen werden kann, seinen Zweck voll und ganz zu erfüllen vermag. Diese Überlegung führte zur Darstellung der versüssten Liquores Ferri albuminati, Ferri peptonati und Ferro-Mangani peptonati.

Ferner ging unser Streben dahin, ein von Ammonium- und Natriumcitrat freies Eisenmanganpeptonat darzustellen, da diese beiden Salze auf den Magen und die Verdauung unangenehm wirken und ausserdem die Haltbarkeit der Lösung beeinträchtigen. Wir haben das genannte Ziel erreicht und stellen schon seit einiger Zeit ein Eisen-Manganpeptonat her, welches keines dieser beiden Salze enthält. Vorläufig müssen wir es uns aber leider versagen, mit den betreffenden Arbeiten an die Öffentlichkeit zu treten, da dieselben noch nicht abgeschlossen sind.

Weiter beschäftigten wir uns auch bei diesen Präparaten mit der Aufsuchung möglichst einfacher Untersuchungsmethoden. Die Anregung zu diesen Arbeiten erhielten wir dadurch, dass Zwischenhändler es in mehreren Fällen für gut befunden hatten, die von hier bezogenen Liquores Ferri und Ferro-Mangani zu verdünnen oder auch absichtlich oder unabsichtlich zu verwechseln. Die Resultate dieser Arbeiten sind in der umstehenden Tabelle zusammengestellt.

Liquores	Spez. Gew. b. 15 ° C	Reaktion	1 ccm Liq. + 20 ccm Milch	10 ccm Liq. + 2 ccm NH^4 (OH)	10 ccm Liq. + 0,5 ccm HCl oder HNO^3	5 ccm Liq. + 10 ccm Spir. vini	10 ccm Liq. + 1 ccm sol. KJ (1 : 10) + 3 ccm CHCl^3	0,5 KNO^3 + 1,0 Na^{2}CO^3 mit Liquor befeuchtet, getrocknet und geschmolzen
Liq. Ferri alb. 0,4 % Fe.								
A. Klar — a Unversüsst D. A. III.	0,980 - 0,990	schwach alkalisch	koaguliert nicht	bleibt unverändert	trübe, koaguliert	bleibt klar	Chloroform farblos	—
b. Versüsst und fein aromatisiert ...... „*Marke Helfenberg*".	1,030—1,050	„	„	„	„	„	„	—
B. Trübe — a. Unversüsst à la Drees.	0,990—1,000	„	„	„	„	sehr trübe	„	—
b. Versüsst und fein aromatisiert ...... „*Marke Helfenberg*".	1,030—1,045	„	„	„	„	ziemlich trübe	„	—
Liq. Ferri peptonati 0,4 % Fe.								
a. Unversüsst à la Pizzala	1,000—1,010	schwach sauer	„	trübe, gelatiniert	fast unverändert	bleibt klar	„	—
b. Versüsst und fein aromatisiert „*Marke Helfenberg*".	1,030—1,050	„	„	„	„	„	„	—
Liq. Ferro-Mangani peptonati 0,6 % Fe und 0,1 % Mn.								
a. Unversüsst à la Gude od. Keysser	1,015—1,025	„	„	trübt sich allmählich	„	„	„	dunkelgrüne Schmelze
b. Versüsst und fein aromatisiert „*Marke Helfenberg*".	1,040—1,070	„	„	bleibt klar	„	„	„	„
Liq. Ferro-Mangani saccharati 0,6 % Fe und 0,1 % Mn. „*Marke Helfenberg*". Nur versüsst und fein aromatisiert.	1,040—1,070	schwach alkalisch	„	„	sehr trübe	sehr trübe	„	„
Tinct. Ferri composita 0,22 % Fe „*Marke Helfenberg*". Einer bekannten Spezialität gleichkommend.	1,040—1,060	sehr schwach alkalisch	„	„	wenig trübe	bleibt klar	„	—

Die quantitative Trennung und Bestimmung des Eisens und Mangans in dem Ferro-Manganum saccharatum und peptonatum und in dem Liq. Ferro-Mangani saccharati und peptonati führen wir in der Weise aus, dass wir bei dem Saccharat 2, dem Peptonat 1 g und bei den beiden Liquores den Rückstand von 20 g auf einer gewöhnlichen Spiritusflamme in einer Platinschale zunächst veraschen. Darauf lösen wir den Rückstand in möglichst wenig conc. Salzsäure, verdünnen die Lösung auf etwa 100 ccm, kochen einige Minuten mit etwas Salpetersäure, um etwa reduziertes Eisen wieder zu oxydieren, neutralisieren annähernd mit kohlensaurem Natron und übersättigen dann mit essigsaurem Natron. Die Lösung kochen wir so lange (etwa 15 Minuten), bis sich das Eisen vollständig abgeschieden hat. Nachdem wir das Eisen abfiltriert haben, lösen wir es nochmals in Salzsäure und fällen es wieder, wie oben angegeben worden ist. Den gut ausgewaschenen Niederschlag trocknen, glühen und wägen wir.

$$Fe^2O^3 : 2\ Fe = \text{gefundene Menge } Fe^2O^3 : x$$
$$160 \qquad 112$$

Die vereinigten Filtrate dampfen wir auf etwa 100 ccm ein, setzen der heissen Flüssigkeit soviel Bromwasser hinzu, dass sie stark danach riecht und kochen die Mischung so lange, bis sich alles Brom wieder verflüchtigt hat. Nachdem das gebildete Permanganat durch einige Tropfen Alkohol reduziert worden ist, filtrieren wir den Niederschlag ab, waschen ihn mit heissem Wasser sorgfältig aus, trocknen, glühen und wägen ihn.

Der Rückstand besteht aus Manganoxyduloxyd (Mn^3O^4)

$$Mn^3O^4 : 3\ Mn = \text{gefundene Menge } Mn^3O^4 : x$$
$$229 \qquad 165$$

Ausser den von uns dargestellten Präparaten haben wir auch das Eisen-Manganpeptonat „Keysser" und das Mangan-Eisenpepton „Gude" im letzten Jahre nach der vorstehenden Methode untersucht.

Das Keysser'sche Präparat enthielt 0,578 % Fe und Spuren Mn (!), das Gude'sche 0,685 % Fe und 0,0447 % Mn (!).

Beide Präparate sollen annähernd 0,6 % Fe und 0,1 % Mn enthalten.

Im Jahre 1890 fanden wir in dem zuerst genannten Präparate 0,26 % Fe und 0,0072 % Mn und in dem anderen 0,42 % Fe und 0,036 % Mn.

Einer weiteren Bemerkung zu diesen Zahlen werden wir uns wohl enthalten dürfen.

4*

Lanolinum anhydricum und Adeps lanae.

Schon seit einer Reihe von Jahren haben wir uns für die Verwendung und Wertschätzung des Wollfetts interessiert. Es sei hier nur auf diese Annalen von 1886, 87 und 88 aufmerksam gemacht. Unsere damaligen Veröffentlichungen bezogen sich alle auf das von der Firma Benno Jaffé und Darmstädter in den Handel gebrachte Lanolin. Im vorigen Jahre nahm das Wollfett ein erhöhtes Interesse in Anspruch, da dem wasserfreien Lanolin (Lanolinum anhydricum) der eben genannten Firma in dem von der norddeutschen Wollkämmerei und Kammgarnspinnerei in Bremen in den Handel gebrachten Adeps lanae oder Lanaïn eine nicht zu unterschätzende Konkurrenz zu erwachsen schien. Nachdem wir von privater Seite auf dieses neue Produkt aufmerksam gemacht worden waren, stellten wir sofort vergleichende Versuche zwischen demselben und dem Lanolinum anhydricum der Firma Benno Jaffé und Darmstädter an. Die Resultate dieser Arbeiten erlauben wir uns im folgenden mitzuteilen.

Das Lanolinum anhydricum bildet eine gelbliche, salbenartige, fast vollständig geruchlose Masse. Es ist in kaltem Alkohol schwer, in Chloroform und Äther leicht löslich. Ammoniak und Glycerin lassen sich in demselben nicht nachweisen. Mit alkoholischer Kalilauge lässt es sich verseifen. Wässerige Kalilauge wirkt nur sehr wenig darauf ein.

Das Adeps lanae ist etwas weniger gefärbt, hat aber einen etwas stärkeren Geruch und weichere Konsistenz. Sonst besitzt es dieselben Eigenschaften wie Lanolinum anhydricum. Die quantitativen Untersuchungsresultate sind in der nebenstehenden Tabelle zusammengestellt. Der Vollständigkeit halber haben wir in derselben auch einige mit Lanolinum Liebreich erhaltene Zahlen angegeben.

Vergleicht man die in der Tabelle enthaltenen Werte miteinander, so findet man, dass die Zahlen von Lanolinum anhydricum fast durchweg etwas niedriger sind, als die von Adeps lanae. Die Jodzahl zeigt bei beiden ganz bedeutende Schwankungen. Wir bestimmten dieselbe durch 2 stündige Einwirkung der Jodlösung. Ob die Bestimmung der Jodzahl für die Beurteilung des Wollfetts irgend welchen Wert besitzt, und ob es möglich ist, durch 24 stündige Einwirkung der Jodlösung konstante Zahlen zu erhalten, müssen wir vor-

	% Wasseraufnahme	% Verlust b. 100° C	% Asche	Säurezahl	Jodzahl
Lanolinum anhydricum	310	0,20	0,00	0,28	—
	—	0,30	0,00	0,56	14,11
	—	0,25	0,00	0,47	15,33
Adeps lanae (Lanaïn)	390	0,70	0,05	0,47	—
	—	0,70	0,00	0,84	18,30
	—	0,55	0,00	0,84	17,57
	—	0,70	0,00	0,84	17,26
	—	0,57	0,00	0,93	16,70
	—	0,80	0,05	0,84	16,68
	—	0,70	0,025	0,56	10,75
	—	0,65	0,00	0,84	12,18
	—	0,65	0,00	0,56	10,24
Lanolinum Liebreich	—	23,70	0,00	0,28	11,18
	—	22,55	0,05	0,37	—
	—	23,45	0,05	0,37	—

läufig so lange unentschieden lassen, bis wir eine grössere Anzahl Versuche mit verschiedenen Sendungen angestellt haben werden. Jedenfalls ergiebt eine 24 stündige Einwirkung der Jodlösung eine bedeutend höhere Jodzahl. So ergab ein Lanolinum anhydricum unter diesen Umständen die Jodzahl 27,80, ein Adeps lanae 25,64 und 25,80.

Von der Bestimmung des Schmelzpunktes haben wir im allgemeinen abgesehen, da derselbe mit einer engen Kapillare bedeutend höher gefunden wird, als mit einer weiten. So schwankte der Schmelzpunkt eines Lanolinum anhydricum je nach Weite der Kapillare zwischen 41,5 und 43,5, der eines Adeps lanae zwischen 36,5 und 40,5. Es ist demnach nicht nur notwendig eine einheitliche Schmelzpunktbestimmungs-Methode einzuhalten, sondern man muss auch möglichst gleichweite Kapillaren benutzen, wenn man übereinstimmende Resultate erhalten will. Wir benutzen beiderseits offene Röhrchen mit etwa $^1/_2$ mm lichter Weite und betrachten den Grad als Schmelzpunkt, bei welchem die Masse in die Höhe steigt.

Das eben Gesagte wird durch zwei uns vorliegende Gutachten, von welchen das eine von Fresenius, das andere von Graff unterzeichnet ist, bestätigt.

Fresenius giebt für Lanolinum anhydricum den Schmelzpunkt 41,5 und für Adeps lanae 35,8 an, Graff die Schmelzpunkte 45,0 bezw. 36,0. Wenn auch kaum anzunehmen ist, dass den Verfassern der beiden Gutachten Proben von ein und derselben Fabrikation vorgelegen haben, so sind die Unterschiede im Schmelzpunkt von Lanolinum anhydricum doch zu gross, als dass sie allein hierauf zurückzuführen wären. Ferner möchten wir noch auf zwei Angaben des einen und eine Angabe des andern Gutachtens etwas näher eingehen.

In dem Gutachten von Fresenius heisst es:

„7. Wassergehalt: Lanolinum anhydricum Liebreich 0,4 $\%$,
Neutrales Wollfett 1,02 $\%$.“

Unter diesem Wassergehalte kann nur der Verlust bei 100° C verstanden sein. Unserer Ansicht nach ist die Bezeichnung desselben als Wasser aber mindestens ungenau. Durch Destillation von 100 g Adeps lanae oder Lanolinum anhydricum mit Wasser und Erwärmen des Destillates mit Kaliumhydroxyd und Jod-Jodkalium erhielten wir eine Flüssigkeit, welche einen deutlichen Jodoformgeruch zeigte. Hiernach scheint der Verlust bei 100° C wenigstens zum Teil, wenn nicht in der Hauptsache, aus Alkohol zu bestehen.

Der andere Punkt betrifft das unter 10 „Reaktion der Ätherlösung“ Gesagte. Es heisst dort:

„2 g Substanz in 10 ccm Äther gelöst, lieferten bei beiden Proben (Lanolinum anhydricum und Adeps lanae) Flüssigkeiten, welche auf Zusatz von 2 Tropfen Phenolphtaleïnlösung völlig farblos waren, durch einen Tropfen Kalilauge aber deutlich rot wurden.“

Graff drückt sich in seinem Gutachten fast ebenso aus. Statt „einen Tropfen Kalilauge“ sagt er nur „einen Tropfen Kalihydrat“.

Die vorstehenden Angaben sind bei Licht besehen ziemlich ungenau. Abgesehen davon, dass es grosse und kleine Tropfen giebt, hätte mindestens angegeben werden müssen, wie stark die betreffenden Kalilaugen waren. Nimmt man an, dass die fraglichen Laugen normal waren und nimmt man ferner an, dass ein Tropfen $= \frac{1}{20}$ ccm war, so würde ein Wollfett mit der Säurezahl 1,4 den obigen Angaben noch entsprochen haben ($\frac{1}{20}$ ccm N.-KOH $= 0{,}0028$ KOH). Nimmt man aber an, es sei eine Kalilauge mit 15 $^0/_0$ KOH angewandt worden so würde ein Wollfett mit der Säurezahl 3,75 (!) auch noch die oben, angegebene Reaktion ausgehalten haben.

Bei dieser Gelegenheit möchten wir eine Angabe, welche sich in fast allen Lehrbüchern findet, nämlich die, dass Lanolin nicht ranzig wird, berichtigen.

Ein im hiesigen Laboratorium entfärbtes und gereinigtes Wollfett zeigte am 20/2. 86 die Säurezahl 0,84. Dieses Wollfett wurde in einem halbgefüllten mit einem Korken verschlossenen Weithalsglase aufbewahrt und am 28/9. 93 wieder untersucht. Es hatte jetzt die Säurezahl 17,36 (!) und roch sehr stark ranzig; ausserdem war der Kork mürbe geworden und gebleicht, wie es auf Terpentinölflaschen beobachtet wird.

Die weiter oben angegebene Beobachtung, dass das Wollfett mit alkoholischer Kalilauge verseifbar ist, brachte uns auf den Gedanken, dass durch Fesstellung der Verseifungszahl eventuell ein neuer wertvoller Punkt für die Beurteilung des Wollfetts gefunden werden könne. Wir stellten zu diesem Zwecke sowohl mit dem Lanolinum anhydricum, als auch mit dem Wollfett der Norddeutschen Wollkämmerei eine Anzahl Versuche an. Bei der Ausführung dieser Versuche brachten wir die von Hübl für die Untersuchung von Wachs angegebene Methode in Anwendung. Wir verfuhren in der Weise, dass wir 5—6 g Substanz mit 40 ccm 96 $^0/_0$ Alkohol und 40 ccm $^1/_2$ Normal-Kalilauge in einem 150 ccm fassenden Kolben 1, 2, 3 oder 4 Stunden auf dem Sandbade im lebhaften Sieden erhielten und das überschüssige Alkali mit $^1/_2$ Normal-Schwefelsäure und Phenolphtaleïn als Indikator zurücktitrierten. Die von einem g Substanz verbrauchten mg KOH bezeichnen wir als Verseifungszahl. Alle Versuche führten wir mit ein und demselben Lanolinum anhydricum bezw. Adeps lanae aus. Wir erhielten die folgenden Zahlen:

Dauer des Erhitzens	Lanolinum anhydric.		Adeps lanae	
	I.	II.	I.	II.
1 Stunde . . .	87,73	88,35	85,90	84,40
2 Stunden . . .	93,74	89,26	92,30	88,71
3 „ . . .	92,13	93,26	92,41	90,99
4 „ . . .	94,82	94,09	94,49	92,74

Die vorstehenden Werte lassen eine Verwertung der Verseifungszahl für die Untersuchung von Wollfett durchaus nicht aussichtslos
erscheinen.   Am besten stimmen die durch 4 stündiges Erhitzen erhaltenen Zahlen überein.   Als befriedigend können dieselben allerdings
auch noch nicht bezeichnet werden.   Ein abschliessendes Urteil behalten
wir uns daher noch vor.

*   *   *

Die vorstehenden Versuche waren fast abgeschlossen, als eine
Arbeit von H. Helbing und Dr. F. W. Passmore*) „Der Nachweis von
fremden Fetten im Wollfett" erschien.   Die Verfasser haben auch die
Verseifungsmethode angewandt, verfuhren dabei aber in der folgenden
Weise : Sie erhitzten Wollfett mit überschüssiger titrierter alkoholischer
Kalilauge in einer festverschlossenen Flasche zwei Stunden lang unter
öfterem Umschütteln auf 100 ^{0} C., lösten die nach dem Abkühlen feste,
krystallinische Masse in Wasser, füllten auf 1000 ccm auf und titrierten
je 250 ccm dieser Lösung.   Auf diese Weise fanden sie für Lanolinum
anhydricum die Verseifungszahl 83,44.   Einen zweiten Versuch führten
sie in der gleichen Weise aus, erhitzten aber nicht 2 sondern 8 Stunden
und fanden 85,36 als Verseifungszahl.   Helbing und Passmore halten
diese Zahl für massgebend und bringen daraufhin die Verseifungszahlen einer Anzahl Mischungen von Lanolin mit Vaseline, Adeps,
Cocosöl und Olivenöl.   Schliesslich haben sie noch die Verseifungszahlen von zwei englischen und einem deutschen Wollfett bestimmt.
Für die beiden ersteren fanden sie die Zahlen 84,90 und 89,05, für
das letztere die Zahl 94,48.   Sie lassen es unentschieden, auf welche
Ursachen die letztere Zahl zurückzuführen, glauben aber, dass die Methode von grosser praktischer Bedeutung ist.

Auffallend ist, dass die Zahlen von Helbing und Passmore mit
Ausnahme der zuletzt genannten bedeutend niedriger liegen, wie die
von uns erhaltenen. Nach der von ihnen eingehaltenen Methode scheint
demnach keine vollständige Verseifung einzutreten.   Ausserdem machen
sie den Fehler, die Lanolinseife in Wasser zu lösen und dann auf ein
Liter zu verdünnen.   Auf diese Weise müssen sie eine zu niedrige Verseifungszahl finden, da Seife in wässeriger Lösung Alkali abspaltet.

Graff**) hat, angeregt durch die Arbeiten Helbings und Passmores,
auch eine Anzahl Verseifungsversuche mit Wollfett angestellt.   Er er-

---

*) Pharmaceutische Zeitung. 1892, 704 u. 712.
**) Pharmaceutische Zeitung. 1893, 62.

hitzte das Wollfett mit der alkoholischen Kalilauge unter öfterem Umschütteln 2 Stunden auf dem Wasserbade am Rückflusskühler. Bei der
Rücktitration verfuhr er genau wie Helbing und Passmore, d. h. er
füllte auch mit Wasser auf ein Liter auf und benutzte dann 250 ccm
der Lösung zum Zurücktitrieren. Auf diese Weise fand Graff die Verseifungszahlen 86,15 und 83,14. Er hat sodann noch einige Bestimmungen mit Mischungen von Olivenöl und Adeps lanae und Olivenöl,
Fett und Adeps lanae aus geführt. Die aus den Verseifungszahlen dieser
Mischungen berechneten % Verfälschungen zeigen mit den thatsächlichen
eine befriedigende Übereinstimmung. Von den Graff'schen Versuchen
gilt dasselbe, was wir oben über die von Helbing und Passmore gesagt haben.

Der Behauptung Graffs, dass die Bestimmung der Verseifungszahl
für die Beurteilung des Lanolins wertlos sei, weil die Verseifungszahl
der Glycerinfette zu sehr schwanke, vermögen wir uns aber nicht an-
zuschliessen. Wir sind sogar der Ansicht, dass dieselbe, wenn sie erst
genügend sicher festgestellt ist, unter Umständen ganz wertvolle
Anhaltspunkte liefern kann. Selbstverständlich ist die qualitative
Prüfung dadurch durchaus nicht überflüssig geworden. Sie ist im
Gegenteil, um etwaigen kombinierten Fälschungen, z. B. mit Öl, Adeps
und Vaseline, vorzubeugen, nach wie vor notwendig.

Mente*) stimmt den Ausführungen Graffs im allgemeinen zu. Er sucht
durch Isolierung der Bestandteile des Lanolins und des Wollfetts der
Norddeutschen Wollkämmerei Unterschiede zwischen beiden zu finden.

Von den weiteren Auseinandersetzungen zwischen Helbing und
Passmore**) einer-, Graff und Mente***) andererseits sei hier nur
erwähnt, dass Mente durch 24 stündiges Erhitzen von 5 g Wollfett
mit 50 ccm ungefähr normaler Kalilauge am Rückflusskühler (H^2O Bad?)
und Zurücktitrieren mit Normal-Salzsäure die nachstehenden Werte erhielt.

Lanolinum anhydricum.			Adeps lanae		
(Martinikenfelde)					
bezogen aus:					
England	1892	92,0	August	1892	97,0
Leipzig	1889	89,8	September	„	94,0
„	1891	90,1	November	„	95,3
Wien	1889	94,0	Januar	1893	96,3
			März	„	95,9

*) Pharmaceutische Zeitung 1893, 94.
**) Pharmaceutische Zeitung 1893, 150.
***) Pharmaceutische Zeitung 1893, 127 und 191.

Die vorstehenden Zahlen unterscheiden sich von den durch uns*) nach 4 stündigem Erhitzen mit alkoholischer Kalilauge auf dem Sandbade gefundenen zum Teil nur sehr wenig. Wir werden bei der nächsten Gelegenheit auf die Verseifungszahl des Wollfettes wieder zurückkommen.

Liquor Ferri acetici.

Das Deutsche Arzneibuch sagt beim Liquor Ferri acetici:
„2 ccm werden, mit 1 ccm Salzsäure versetzt, mit 20 ccm Wasser verdünnt und hierauf, nach Zusatz von 1 g Kaliumjodid, bei einer 40^0 nicht übersteigenden Wärme im verschlossenen Gefässe eine halbe Stunde stehen gelassen u. s. w.“

Hierzu erlauben wir uns die Bermerkung, dass man etwas zu wenig Eisen findet, wenn man, wie es nach dem Wortlaute des Arzneibuches nicht anders zu verstehen ist, die Salzsäure, das Wasser und das Jodkalium gleich hintereinander zusetzt. Es scheint, als wenn ein kleiner Teil des essigsauren Eisens unverändert bliebe.

Dieser Fehler lässt sich sehr leicht dadurch vermeiden, dass man den Liquor mit der Salzsäure so lange bei 40—50^0 C stehen lässt, bis die Mischung auch nicht den geringsten roten Schimmer mehr zeigt oder dadurch, dass man sie einmal bis zum Kochen erhitzt. Mit der abgekühlten Flüssigkeit verfährt man dann weiter, wie das Deutsche Arzneibuch es vorschreibt.

---

*) Seite 55.

Lithargyrum.

Die Untersuchung der Bleiglätte ergab im letzten Jahre nachfolgende Werte:

% Glühverlust	% in Essigsäure unlöslich
0,10	0,64
0,30	0,66
0,20	0,88
0,25	1,08
0,30	0,74
0,20	0,64
0,25	0,76
0,20	0,26
0,25	0,52
0,15	0,36
1,15	0,60
0,70	0,61
0,92	0,58
0,70	0,66
0,75	0,68
0,65	1,05
0,75	0,58
1,02	0,47
0,70	0,65
0,77	0,56
0,1 — 1,15	0,26 —- 1,08

Alle Muster entsprachen den Anforderungen des Deutschen Arzneibuches III.

Mel.

Trotzdem wir sehr wohl wissen, dass ein Honig auch dann gefälscht sein kann, wenn er ein normales spezifisches Gewicht und eine
normale Polarisation besitzt, so haben wir die Untersuchung desselben,
in Ermanglung von etwas Besserem, doch in der bisherigen Weise fort-
gesetzt. Durch die Erfindung des sogenannten Zuckerhonigs ist die
Honigbeurteilung noch bedeutend erschwert worden. Wir sichern uns
vor verfälschten Honigen dadurch, dass wir jedes irgendwie verdächtige
Angebot ablehnen.

Unsere Honiguntersuchungen ergaben die nachstehenden Werte:

Mel	No.	Spez. Gew. Lös. 1 + 2	Optisches Verhalten Lös. 1 + 2	Säurezahl
crud. Americ. . .	1	1,124	— 9,7 ⁰	18,20
	2	1,121	— 10,0 ⁰	21,28
	3	1,130	— 9,6 ⁰	15,96
	4	1,120	— 9,6 ⁰	13,16
	5	1,126	— 13,6 ⁰	18,46
	6	1,120	— 13,3 ⁰	11,20
„ Croatic. . .	7	1,112	— 14,0 ⁰	14,56
„ Istrian. . . .	8	1,104	— 9,6 ⁰	23,52
	9	1,105	— 9,6 ⁰	22,40
	10	1,106	— 10,0 ⁰	21,28
	11	1,108	— 13,4 ⁰	12,60
	12	1,105	— 13,1 ⁰	12,60
	13	1,104	— 13,0 ⁰	13,16
	14	1,103	— 13,0 ⁰	13,16
	15	1,104	— 12,9 ⁰	13,44
	16	1,108	— 13,0 ⁰	13,44
	17	1,104	— 13,1 ⁰	12,32
„ Dalmatin. .	18	1,107	— 12,6 ⁰	11,76
	19	1,107	— 14,4 ⁰	15,68
	20	1,108	— 14,2 ⁰	14,84
	21	1,107	— 14,9 ⁰	17,08
„ Germanic. .	22	1,112	— 6,2 ⁰	12,60
	23	1,114	— 6,8 ⁰	16,52
	24	1,112	— 14,8 ⁰	16,52

Nr. 8—21 sind als minderwertig zu bezeichnen, weil sie ein zu niedriges spezifisches Gewicht haben. Ob dasselbe auf einen absichtlichen Wasserzusatz zurückzuführen ist, lassen wir dahingestellt.

Nr. 2, 8, 9 und 10 haben eine zu hohe Säurezahl.

Die übrigen Zahlen halten sich in normalen Grenzen.

Über den Wert der Dialyse bei der Beurteilung des Honigs und über „die Chemie des Honigs" von Dr. Oscar Hänle.

In den Helfenberger Annalen 1890 haben wir durch zahlreiche Dialysationsversuche nachgewiesen, dass die von Hänle*) aufgestellten beiden Sätze:

„1. Ein Honig, der nach der Dialyse die Polarisation nach rechts dreht ist mit Stärkesirup verfälscht;

2. Ein Honig, der nach der Dialyse die Polarisation nicht nach rechts lenkt, ist nicht mit Stärkesirup versetzt; "

falsch sind.

Wir waren und sind auch heut noch der Ansicht, den Beweis für unsere Behauptung unzweifelhaft erbracht zu haben, da sich derselbe auf **110** Dialysationsversuche, welche wir mit **19** verschiedenen Honigen und Mischungen von Honigen mit Traubenzucker ausführten, stützte. Diese unsere Überzeugung wurde auch durch eine Veröffentlichung von Sendele**), welche die Hänle'sche Methode verteidigt nicht erschüttert.

Die Form und der Inhalt dieser Arbeit ist derartig, dass wir ein Eingehen und eine Erwiderung auf dieselbe überhaupt für überflüssig hielten. Wir glaubten auch annehmen zu dürfen, dass dieselbe von anderer sachverständiger Seite kaum ernst genommen werden würde. Zu unserer Überraschung mussten wir aber sehr bald die Wahrnehmung machen, dass wir uns in dieser Beziehung geirrt hatten.

B. Fischer***) sagt in dem Jahresberichte des chemischen Unter-

---

*) Pharmaceutische Zeitung 1890, 441.

*) Journal der Pharmacie von Elsass-Lothringen 1892, 167 u. 195.

**) Jahresbericht des chemischen Untersuchungsamtes der Stadt Breslau 1891/92, 26.

suchungsamtes der Stadt Breslau für 1891/92, nachdem er die von ihm mit der Hänle'schen Methode erzielten Resultate angegeben hat, wörtlich:

„Wir haben demnach die nämlichen Resultate erhalten, wie E. Dieterich. Gleichwohl ziehen wir aus unseren Versuchen nicht den Schluss, dass das Hänle'sche Verfahren unbrauchbar ist, und zwar aus dem Grunde nicht, weil, wie es sich herausstellt, Hänle unter anderen Bedingungen dialysiert, als wie wir und wohl auch Dieterich es thaten. (!)

Wenn übrigens von Dieterich an der Brauchbarkeit der genannten Methode Zweifel (!) erhoben worden sind, deren analytische Grundlagen wir ohne Weiteres bestätigen müssen, so ist die Verantwortung dafür zum Teile Hänle selbst zuzuerkennen, weil dieser seine Methode nicht in einer Form publizierte, welche eine gründliche Nachprüfung gestattete."

Derselbe Autor sagt an einer anderen Stelle*)

„Diese Angaben Hänles sind nun von Eugen Dieterich auf Grund praktischer Versuche abfällig (!) beurteilt worden. Dieterich fand bei der Dialyse keinen wesentlichen Unterschied in dem polarimetrischen Verhalten reiner und mit Stärkesirup versetzter Honige. Ref. hat in dem Kommentar Hager-Fischer-Hartwich darauf aufmerksam gemacht, dass man die Hänle'sche Methode nicht ohne weiteres zu den Toten werfen solle und vertritt diese Ansicht auch heute noch. Allerdings muss er zur Rechtfertigung (!) Dieterichs anführen, dass der ihm vorliegende Vortrag Hänles die Details der Untersuchung so wenig berücksichtigt, dass eine Nachprüfung sehr erschwert wird."

An derselben Stelle erwähnt er dann weiter die Sendele'sche Arbeit und sagt, nachdem er einige Mängel derselben hervorgehoben hat, wörtlich:

„Wenn wir davon absehen etc. —, so fordern doch diese positiven Angaben zur Nachprüfung dringend auf. Die letztere ist, wie schon bemerkt, erst jetzt möglich geworden, dadurch dass Hänle der genannten Arbeit von Sendele eine etwas genauere Beschreibung seines Verfahrens als Anhang mitgiebt."

Schliesslich bittet er die Kollegen, welche im Besitze eines Polarisationsapparates sind, an der Entscheidung der nachstehenden Fragen teilzunehmen:

---

*) Pharmaceutische Zeitung 1892, 474.

1) „Resultiert bei Dialyse von Honig mit fliessendem Wasser s t e t s
   ein optisch inaktiver Rückstand?

2) Erhält man bei Zusatz von Stärkesirup s t e t s eine Rechtsdrehung
   und bleibt diese auch nach fortgesetztem Dialysieren k o n s t a n t?“

Wir möchten uns nun erlauben zu den vorstehenden Auslassungen
einige Bemerkungen zu machen.

1) Wir haben die von Hänle aufgestellten beiden Sätze n i c h t n u r
   i n Z w e i f e l g e z o g e n, sondern wir haben sie sogar auf Grund
   unserer Versuche für u n r i c h t i g e r k l ä r t.

2) Wir wissen den guten Willen B. Fischers sehr wohl zu schätzen,
   wenn er einen Teil der Verantwortung für unsere Behauptung
   Hänle zuerkennen will und wenn er uns mit der mangelhaften
   Beschreibung der Methode von seiten Hänles zu rechtfertigen
   sucht. Wir können aber nicht umhin zu erklären, dass wir
   durchaus nicht das Bedürfnis einer derartigen Rechtfertigung
   empfinden und dass wir die Verantwortung für unsere Angaben
   voll und ganz allein zu tragen vermögen.

3) Wir machen darauf aufmerksam, dass sich die von uns angewandte Dialysationsmethode nur unwesentlich von der Hänle-
   schen unterscheidet, während beide in der Hauptsache d. h. in
   der Verwendung von fliessendem Wasser vollständig übereinstimmen.

4) Diese Thatsache*) scheint von B. Fischer ganz übersehen worden
   zu sein, weil er sonst die oben angeführten Äusserungen wohl
   kaum gemacht haben würde. Dass er aber auch auf das Dialysieren mit fliessendem Wasser und nicht auf die Form des
   Apparates den Hauptwert legt, geht aus der oben angegebenen
   Aufforderung an die Kollegen hervor.

Die vorstehenden Bemerkungen dürften beweisen, dass wir nach
wie vor die von uns gelieferten B e l e g e*) für die U n b r a u c h b a r -
k e i t der Hänle’schen Methode, trotz der Sendele’schen Arbeit, für vollständig genügend halten. Wir sind auch der Überzeugung, dass bei
eingehender Prüfung der betreffenden Arbeiten ein jeder zu dem gleichen
Schlusse kommen muss. Trotzdem haben wir, um allen weiteren möglichen Einwänden von vornherein zu begegnen, genau nach den Angaben

---

*) Helfenberger Annalen 1890, 52.
**) Helfenberger Annalen 1890, 54.

Hänles einen Dialysator anfertigen lassen und mit demselben unter Anwendung von fliessendem Wasser eine Anzahl Dialysationsversuche ausgeführt.

Die Echtheit der in der Tabelle als echt bezeichneten Honige ist über allen Zweifel erhaben. Wir verdanken dieselben der Liebenswürdigkeit der Herren Apotheker Gotthard in Wasselnheim, Schrems in Grünstadt, Lang in Bomst und des Herrn Dr. Amthor in Strassburg. Allen vier Herren sagen wir nochmals an dieser Stelle unseren besten Dank.

Herr Apotheker Gotthard übersandte uns eine Probe linksdrehenden und fünf Proben rechtsdrehenden Honig. Alle 6 Proben stammen von dem Bienenzüchter Hamm in Wasselnheim. Der linksdrehende Honig war fest und fast farblos, während die rechtsdrehenden Honige zum Teil mehr oder weniger flüssig waren und ausserdem eine mehr oder weniger braune Farbe mit einem Stich ins Grünliche zeigten. Der linksdrehende Honig hatte ein reines Blütenaroma, während die rechtsdrehenden Proben einen an Milch erinnernden Geruch zeigten.

Herr Apotheker Gotthard teilte uns mit, dass die dunklen Proben Honig enthielten, welchen die Bienen von dem sogenannten Honigtau oder von dem Saft, den die Blätter durch Zerreissen der Cuticula bei plötzlicher Abkühlung und Überfluss an Saft ausschwitzen, gesammelt hätten.

Die 7 Honigproben von Herrn Apotheker Schrems waren alle Blütenhonige und zwar enthielt, wie uns Herr Schrems mitteilte, Nr. 1 Honig von Obstblüten und von Esparsette, Nr. 2—6 fast nur Esparsette- und ganz wenig Lindenhonig, Nr. 8 etwas Honig von blauem Klee. Alle 7 waren fast farblose und fast ganz erstarrte Schleuderhonige.

Die linksdrehenden Honige enthielten gar kein oder nur Spuren Dextrin, während alle rechtsdrehenden mehr oder weniger von diesem Körper enthielten.

Die Polarisation führten wir in einem Halbschattenapparate nach Mitscherlich mit 198,4 mm langem Beobachtungsrohre aus. Die dialysierten Honiglösungen wurden vor der Polarisation jedesmal wieder auf das ursprüngliche Volumen eingedampft.

Ausserdem bestimmten wir noch von jedem Honige die Säurezahl und das spezifische Gewicht.

Die betreffenden Zahlen sind in der nebenstehenden Tabelle zusammengestellt.

	No.	Zeit der Ernte	Spez. Gew. der Lösung 1 + 2	Polarisation der Lösung 1 + 2	Säure- zahl	Polarisation der Lösung 1 + 2 nach einer Dialyse von			
						20 Std.	30 Std.	40 Std.	50 Std.
A. Echte Honige von									
Apotheker Lang in Bomst	1	—	—	$-5,9^0$	—	$+1,3^0$	$+0,3^0$	—	—
Apotheker Schrems in Grünstadt . .	2	—	—	$-6,3^0$	—	$+1,3^0$	—	$+0,2^0$	—
do. . .	3	—	—	$-6,8^0$	—	$+0,8^0$	$+0,3^0$	—	—
do. . .	4	—	1,115	$-7,3^0$	5,88	$+0,7^0$	—	$+0,1^0$	—
do. . .	5	—	1,115	$-7,4^0$	7,28	$+0,8^0$	—	$\mp0,0^0$	—
do. . .	6	—	1,114	$-6,4^0$	7,28	$+1,0^0$	—	$+0,3^0$	—
do. . .	7	—	1,116	$-5,6^0$	9,25	$+1,2^0$	—	$+0,2^0$	—
do. . .	8	—	1,115	$-6,2^0$	9,52	$+0,7^0$	—	$+0,1^0$	—
Dr. Amthor in Strassburg	9	—	1,123	$+9,3^0$	11,76	$+9,0^0$	—	$+1,3^0$	$+0,1^0$
Apotheker Gotthard in Wasselnheim .	10	11. Juni	1,119	$-9,2^0$	8,68	$+0,3^0$	$\mp0,00^0$	—	—
do. . .	11	9. Juli	1,117	$+2,7^0$	11,76	$+4,0^0$	—	$+0,8^0$	—
do. . .	12	31. Juli	1,118	$+11,0^0$	10,08	$+7,5^0$	—	$+1,2^0$	—
do. . .	13	9. Aug.	1,118	$+11,3^0$	10,08	$+9,1^0$	—	$+2,3^0$	—
do. . .	14	6. Sept.	1,118	$+11,9^0$	9,52	$+9,6^0$	—	$+2,2^0$	$+0,9^0$
do. . .	15	17. „	1,118	$+11,3^0$	10,64	$+7,5^0$	—	$+1,3^0$	—
B. Zuckerhonig von									
Gebr. Langelütje in Cölln a/Elbe . . .	16	—	1,112	$-8,6^0$	4,48	$-0,4^0$	$-0,1^0$	—	—
C. Selbstgefälschte Honige									
No. 8 + 10% Glycose	17	—	—	$-1,0^0$	—	$+1,9^0$	—	$\mp0,00^0$	—
„ 8 + 20 „ „	18	—	—	$+4,5^0$	—	$+1,5^0$	$+0,3^0$	—	—
„ 2 + 10 „ „	19	—	—	$-0,9^0$	—	—	—	$+0,5^0$	$\mp0,0^0$
„ 3 + 20 „ Rohrzucker	20	—	—	$+5,2^0$	—	$+3,0^0$	—	$+0,1^0$	—
D. Rohrzucker									
Lösung 1 + 4 . . .	21	—	—	$+28,7^0$	—	$+6,9^0$	—	$+0,2^0$	—
E. Glycose									
Lösung 1 + 9 . . .	22	—	—	$+11,8^0$	—	$+1,6^0$	—	$+0,1^0$	—

Diese Zahlen decken sich voll und ganz mit den in den Annalen 1890 veröffentlichten. Wir zögern daher auch keinen Augenblick auf Grund derselben die Hänle'sche Methode nochmals für unbrauchbar und die Behauptungen Hänles für falsch zu erklären. Linksdrehende, rechtsdrehende und mit Stärke- oder Rohrzucker gefälschte Honige verhalten sich bei der Dialyse fast vollständig gleich. Die linksdrehenden Bestandteile gehen am raschesten durch die Membran. Infolgedessen werden die rechtsdrehenden Honige zunächst stärker rechtsdrehend, die linksdrehenden zunächst schwächer linksdrehend. Schliesslich tritt bei den letztern auch ein Punkt ein, bei welchem sie rechtsdrehend werden. Fährt man mit der Dialyse weiter fort, so wird die Rechtsdrehung zunächst stärker, nimmt aber schliesslich langsam ab. Ebenso verhalten sich die mit Glycose oder Rohrzucker verfälschten Honige. Setzt man die Dialyse lange genug fort, so erhält man zuletzt eine inaktive Flüssigkeit. Um dieses Ziel zu erreichen, ist es aber vollständig gleichgiltig, ob der zu untersuchende Honig echt oder ob er mit Glycose oder Rohrzucker gefälscht ist. Ja, dieser Punkt tritt bei den rechtsdrehenden Naturhonigen gewöhnlich später ein, als bei den gefälschten Honigen.

Wir möchten hier nochmals darauf aufmerksam machen, dass bei der Dialyse nicht allein die Schnelligkeit des durchströmenden Wassers und die Menge der zu dialysierenden Flüssigkeit, sondern auch die Beschaffenheit der Membran und die Temperatur eine grosse Rolle spielt.

*   *   *

Es möge uns nun noch gestattet sein, auf die Arbeit von A. Sendele*), Vorstand des chemischen Laboratoriums des Bienenzüchter-Vereins zu Heidelberg, etwas näher einzugehen. Die betreffende Arbeit beginnt mit den Worten: „Noch vor 4—5 Jahren lagen auf dem Gebiete der Chemie des Honigs trübe Wolken". Dies soll Hänle in einem Vortrage auf einer Versammlung von Bienenzüchtern gesagt haben. Sendele führt dann weiter aus, dass er durch diesen Vortrag angeregt worden sei, „den Versuch zu machen, sich so viele Kenntnisse auf dem speziellen Gebiete der Honigchemie anzueignen, als notwendig, um die Theorie (?) Dr. Hänles (Sendele spricht in der Überschrift seiner Arbeit von einer Methode Hänles, während er merkwürdiger Weise im Texte immer von einer Theorie spricht), im eigenen Vereine in die Praxis zu übertragen".

---

*) Journal der Pharmacie von Elsass-Lothringen 1892, 167 und 195.

Diesen Versuch machte er in dem Laboratorium von Hänle, und wurde nach kurzer Zeit (!) mit dem Zeugnisse entlassen, dass er imstande sei, selbständig Honiguntersuchungen vorzunehmen (!).

Sendele sagt dann weiter, dass er, je mehr er die Hänle'sche Theorie erprobe, um so mehr von der Vorzüglichkeit derselben überzeugt sei. Als Beweis für seine Überzeugung führt er die überraschende Thatsache an, die wir übrigens schon in unseren vorigen Annalen*) erwähnt haben, dass Hänle in zwei Honigproben, von denen die eine mit 30 °/$_0$ Glycose und die andere mit 30 °/$_0$ Rohrzucker erfälscht worden war, die Verfälschung ganz genau quantitativ bestimmt habe (!).

Weiter bringt Sendele eine Tabelle, welche auch beweisen soll, dass die von Hänle aufgestellten Behauptungen richtig sind. Sieht man sich diese Tabelle aber etwas näher an, so findet man, dass sie, wie wir nachstehend zeigen werden, gar nichts beweist.

Die I. Rubrik macht einen stattlichen Eindruck. Sie enthält die Bezugsquellen und Namen von 52 reinen und gefälschten Honigen und einigen Zuckerarten.

Rubrik II ist bezeichnet: „Prozente der Verfälschung mit Glycose". In derselben sind 10 Zahlen enthalten. Die 3 ersten dieser Zahlen haben aber gar nichts darin zu thun. Sie lauten $+ 100^0$, $+ 45^0$ und $+ 90^0$.

Die III. Rubrik lautet: „°/$_0$ der Verfälschung mit sogenanntem Fruchtzucker". Sie enthält eine (!) Zahl.

In der IV. Rubrik, „°/$_0$ der Verfälschung mit Krystallzucker", sind 5 Zahlen angegeben, von denen aber keine einzige hineingehört. (!) Die Zahlen lauten $+ 105$, $+ 65$, $+ 65$, $+ 9$ und $+ 7$. Es wäre allerdings noch möglich, dass Sendele dem Zeichen $+$ in den Rubriken II und IV eine uns unbekannte Bedeutung zuerkannt hat.

Rubrik V, „Polarisation des reinen Honigs vor der Verfälschung", enthält 42 Zahlen. Von diesen gehören aber 4 Zahlen wieder nicht hinein, weil man einen sogenannten Schweizer Tafelhonig und einen kandierten Hattersheimer Fruchtzucker doch kaum als reine Honige bezeichnen kann.

Eine VI. Rubrik: „Polarisation des Honigs nach der Verfälschung" enthält 12 Zahlen. Von diesen sind aber 4 Zahlen eigentlich auch am falschen Platze, da sie sich auf dialysierte Honige beziehen.

Die VII. mit „durch die Untersuchung gefundene °/$_0$ Verfälschung" bezeichnete Rubrik enthält 8 Zahlen. Die grösste Differenz zwischen

---

*) Helfenberger Annalen 1891, 86.

den gefundenen und den thatsächlichen Verfälschungen beträgt 2,5 %.
Allerdings überraschend gute Resultate, wenn man überlegt, dass die
Polarisation der verschiedenen Honige sehr schwankt und die Verfälschungen nach der Formel

$$\frac{(P+p) \times 3}{10} = x \text{ für linksdrehende und}$$

$$\frac{(P-p) \times 3}{10} = x \text{ für rechtsdrehende Honige}$$

berechnet sind.

P $=$ Polarisation des zu untersuchenden Honigs.

p $=$ Polarisation des zur Verfälschung benutzten Honigs.

x $=$ % Verfälschung mit Stärkesirup.

p soll im Durchschnitt gleich 30 gesetzt werden.

Eine Angabe über die Polarisation eines linksdrehenden Honigs
nach der Dialyse findet sich nirgends!

Trotzdem schreibt Sendele wörtlich:

> „Was zeigt uns nun die Tabelle? Dass alle reinen Blüten
> honige eine bedeutende Linksdrehung aufweisen und nach wenig
> stündiger Dialyse sich optisch inaktiv verhalten." (!)

Er berichtet sodann über die Gutachten von 5 verschiedenen
Chemikern, unter welchen sich auch Hänle befindet, denen er einen und
denselben mit 25 % Glycose gefälschten Honig zur Untersuchung gegeben hatte. An einer Stelle sagt er:

> „Das Produkt wurde in meinem Laboratorium vor und nach
> der Verfälschung untersucht. Es ist Honig No. 52 der Tabelle.
> Danach sehen wir nach einer 25 % Fälschung eine Rechtsdrehung
> von $+$ 36 °; folglich ergiebt sich nach der Formel von Dr. Hänle
> $\frac{(30+47) \times 3}{10} = 23{,}1$ %; also approximativ richtig."

Der Honig dreht $+$ 36° und in der Formel steht $+$ 47°!!

Das Gutachten von Hänle lautete:

> „Es liegt eine 23 prozentige Verfälschung mit Glycose vor." (!)

Alle anderen Gutachten drücken sich mehr oder weniger vorsichtig aus.

In einer Fortsetzung seiner Arbeit erwähnt Sendele die von uns[*]
und Mansfeld[**] ausgeführten Untersuchungen. An einer Stelle heisst es:

---

[*] Helfenberger Annalen 1890, 54.
[**] Zeitschrift des allg. österr. Apotheker-Vereins 1891, 339—342.

„Ich kann dem allerdings nur das erwidern, was ich selbst
erfahren. Aber das dürfte genügen auch die beiden geehrten
Herren etwas stutzig zu machen." (!)

Mansfeld und uns fertigt er dann weiter mit den Worten ab:

„Ich stelle nun ganz kühn (!) den Satz auf: Entweder waren
die Proben, von denen die beiden Herren sprechen, eben mit Sirup
oder Rohrzucker verfälscht, oder aber, was wahrscheinlicher ist,
war die Dialyse keine vollständige."

Dieser Satz ist allerdings etwas sehr kühn.

Sendele schliesst mit den schönen Worten:

„Es wird nun im Interesse einer guten Sache wohl angezeigt
erscheinen, dass wer dazu befähigt ist (sic), sich in den edlen
Wettkampf stelle, um da, wo noch Dunkel herrscht, mit der
hellen Leuchte der Wissenschaft klares Licht zu verbreiten etc."

Dies wünschen wir auch. Gleichzeitig bemerken wir aber, dass
wir Sendele für vollständig unfähig halten „mit der hellen Leuchte
der Wissenschaft klares Licht zu verbreiten."

*   *   *

Wir möchten diesen Abschnitt nicht schliessen ohne noch mit einigen
Worten „Die Chemie des Honigs" von Dr. Hänle erwähnt zu haben.

Das Buch beginnt mit einem kurzen geschichtlichen Überblick von
5 Seiten. Dann folgt auf den nächsten 13 Seiten eine Aufzählung von
124 sogenannten Honiganalysen.

In etwa der Hälfte dieser Analysen ist nur von Polarisation einer
Lösung $1+2$ und von dem Dextrinnachweis die Rede. Einige wenige
beschäftigen sich auch mit der Polarisation nach der Dialyse und mit
dem Chlor- und Schwefelsäurenachweis. In einem Falle (Nr. 99) ist
auch vom Wassergehalt des Honigs die Rede. Es wird zu gleicher Zeit
allerdings bemerkt, dass alle folgenden Honige 10—15 % Wasser enthielten. Die übrigen etwa 50 sogenannten Analysen beschränken sich
mit Ausnahme von 3 Honigen, bei denen sogar nur Farbe, Geruch und
Geschmack angegeben ist, auf die Polarisation. Ein Urteil über den
Wert derartiger Honiganalysen glauben wir uns ersparen zu können.
Wir möchten aber auf einige sonderbare Angaben aufmerksam machen.

Bei Nr. 6 heisst es: „geruchlos, ebenso geschmacklos (!) und
sehr süss".

Unter Nr. 15 steht: „von vorzüglichem Geruch und Aroma".

Analyse (?) **97** sei hier vollständig angeführt:

> „Der Honig ist gelbbraun, dick, sirupartig, ohne Krystalle und ohne Sediment, nicht grieselich glatt, klar, Lackmus schwach rötend, in Wasser ziemlich klar löslich, wenig Proteinkörper zurücklassend. Eine bestimmte Menge (10,37 g) auf dem Marienbade (?) eingedampft, wurde zuerst dünnflüssig (sehr merkwürdig!), später dickflüssig und nach anderthalb Stunden ganz dick und zähe“. (!)

Unter Nr. **99** heisst es:

> „Nach 24 stündigem Stehen über Schwefelsäure im Exsiccator fand ich eine sehr harte Masse vor, die gewogen **1,19** vom ursprünglichen Gewichte verloren hatte, was einem Prozentgehalte von **11,48** Wasser und **88,52** % festen Bestandteilen entspricht.“ (!)

Glaubt Hänle, dass Honig durch 24 stündiges Stehen über Schwefelsäure im Exsiccator alles Wasser verliert?!

Über den durch Alkohol im Tannenhonig ausgeschiedenen Körper berichtet der Verfasser auf Seite **17** und **18**: Die betreffenden Ausführungen stellen sich den oben citierten würdig an die Seite.

Auf Seite **20** sagt Hänle:

> „Dieser Sirup (Stärkesirup) enthält Dextrin und gab mit $Ag\,NO^3$ und $Ba\,Cl^2$ keine Fällungen sondern nur Trübungen“.

Trotzdem sagt er auf Seite **18**:

> „Mit Silberlösung giebt echter Tannenhonig eine Trübung, während gefälschter Honig meist eine Fällung giebt, da die Chlorverbindungen im Tannenhonig meist nur spurenweise vertreten, in den Stärkesirupen des Handels dagegen in beträchtlicher Quantität vorhanden sind“.

Auf Seite **22** heisst es von den Stärkesirupen des Handels aber wieder:

> „dass mit $Ag\,NO^3$ und $Ba\,Cl^2$ wohl Trübungen, nie aber Fällungen beobachtet wurden.“

Der weitere Inhalt des Buches bis Seite **36** entspricht dem eben besprochenen vollständig. Wir möchten nur noch auf 2 Stellen aufmerksam machen.

„Echte Blütenhonige enthalten kein Dextrin oder nur Spuren“, steht auf Seite **29**.

Seite **12** ist aber über einen Blütenhonig gesagt: „Dextrin vorhanden, mehr als in Spuren“ und über einen anderen: „Dextrin in grösseren Mengen vorhanden.“

„Die Chemie des Honigs" enthält noch eine ganze Anzahl ähnliche Mitteilungen. Wir glauben das Buch aber in den obigen Zeilen genügend charakterisiert zu haben.

Die letzten 22—23 Seiten bringen einige ältere und neuere Veröffentlichungen über Honig aus der Pharmaceutischen Centralhalle, dem Archiv der Pharmacie, der Chemiker-Zeitung etc. Den Schluss bilden einige Vorschriften zu Honigpräparaten aus dem Dieterich'schen Manuale.

*   *   *

Die vorstehenden Zeilen waren zum grössten Teil niedergeschrieben, als uns durch Herrn Dr. Amthor ein Sonderabdruck eines von ihm im Journal der Pharmacie für Elsass-Lothringen veröffentlichten Beitrages zur Honigfrage übersandt wurde. In demselben beleuchtet er sehr drastisch den Wert der Sendele'schen Arbeit und die sogenannte Hänle'sche Methode. Wir erlauben uns einige Worte dieser Arbeit (Seite 3) hier wieder zu geben:

„Diese Zeilen waren niedergeschrieben unter Zugrundelegung eines Korrekturabzuges, der mir von der Redaktion des „Journal der Pharmacie von Elsass-Lothringen" behufs eventueller sofortiger Beantwortung übersandt wurde. Als dieser Abdruck erschienen war, machte ich die Bemerkung, dass von den Zahlen in der Sendele'schen Tabelle, ebenso in der Formel, nach welcher die Verfälschung des obenerwähnten Honigs mit $23,4\,^0/_0$ berechnet wird, verschiedene jetzt anders lauteten.

Erste Formel

$$\frac{(42 + 36) \times 3}{10} = 23,4\,^0/_0$$

Formel im „Journal der Pharmacie":

$$\frac{(30 + 47) \times 3}{10} = 23,1\,^0/_0.$$

Man sieht, dass in letzterer die mittlere Drehung der linksdrehenden Honige mit $- 30^0$ nach Hänle eingesetzt ist, entgegen der ersten, welche die wirkliche aber unbekannt sein sollende von $- 42^0$ enthält".

Da uns der fragliche Korrekturabzug nicht vorgelegen hatte, so war uns die obige Thatsache leider entgangen. Wir wurden durch dieselbe aber veranlasst uns eine Tabelle auf Seite 33 „Chemie des Honigs" von Dr. Hänle etwas näher anzusehen. Hierbei machten wir auch die eigentümliche Beobachtung, dass die Prozente der Verfälschungen einfach in der Weise gefunden (!) waren, dass man die Polarisation des Honigs, welcher verfälscht worden war, in die Formel einsetzte. Wie man unter diesen Umständen von „gefundenen Prozenten bei der Untersuchung sprechen kann", ist uns nicht recht klar.

Um auch Nichtsachverständigen gegenüber die Unbrauchbarkeit der Hänle'schen Methode zu beweisen, hat Amthor den von Sendele mit $25^0/_0$ Glycose gefälschten Honig mit gleichen Teilen eines sehr stark linksdrehenden Honigs vermischt, mit etwas Karamel dunkel gefärbt und das Produkt, welches jetzt $12^1/_2\,^0/_0$ Glycose und etwa $4{,}65\,^0/_0$ Dextrin enthielt, an Hänle zur Untersuchung senden lassen. Das Gutachten lautete:

> „Nr. 1087 Der Honig, der dem Laboratorium zur chemischen Analyse übersandt wurde, ist braun, von der Konsistenz eines dünnen Sirups, der Geschmack ist süss, mit ziemlich schlechtem Blütenaroma versehen, Dextrin ist keines vorhanden. (!) Die Polarisation in Lösung $1+2$ im Soleil-Dubosc ist — — 40. Der Honig dürfte etwas dicker sein, er ist aber ein echtes Produkt, das nicht zu beanstanden ist." -— (!!)

Die Erwiderung Hänles *) auf den Beitrag zur Honigfrage von Amthor glauben wir am besten dadurch zu kennzeichnen, dass wir aus derselben die folgenden Worte, welche sich auf das Gutachten über den von Amthor gefälschten Honig beziehen, hier anführen:

> „Im Falle Farny, dem ersten Rappoltsweiler Honig, muss ich also wohl ein theoretisch (!) zusammengemischtes Präparat nicht erkannt haben. Ich sage theoretisch, weil die geringe Rechtsdrehung, die durch das geringe Quantum Glycose bedingt war, darch einen sehr stark linksdrehenden Honig, der auch noch künstlich dem anderen Honig zugesetzt wurde, teilweise aufgehoben wurde; diesem Gemische wurde dann noch Zuckercouleur zugesetzt, damit es die Tannenhonigfarbe erhalten soll."

Hänle würde sich durch Feststellung der Grenzen zwischen einem theoretisch und einem praktisch zusammengemischten Honig ein grosses Verdienst erwerben. —

Eine Arbeit von Heinr. Tichauer **), diplomierter (wo?) Chemiker, welche Hänles Behauptung zu verteidigen sucht, erinnert so sehr an berühmte Vorbilder, dass wir uns eine Besprechung ersparen können.

---

*) Journal der Pharmacie von Elsass-Lothringen 1893, 2.
**)　　　„　　　„　　　„　　　„　　　„　　　„ 9.

Nur die folgende Stelle, welche im Original fettgedruckt ist, möchten wir hier wiedergeben:

> „Einen besonderen Wert legte man bei den Untersuchungen auf die Dialyse des Honigs, welche meiner Ansicht nach ein nebensächlicher Faktor ist, der viel Zeit in Anspruch nimmt und nur als Kontrolversuch bei gewissen Fällen seine Anwendung findet." (!!)

Welches ist denn bei der sogenannten Hänle'schen Methode der Hauptfaktor? Doch nicht etwa die Berechnung?!

*   *   *

Es bleibt uns jetzt nur noch übrig zwei im Februar und März erschienene Beiträge zur Honigprüfung zu erwähnen. Der eine ist von Mansfeld,*) der andere von B. Fischer**). Mansfeld kommt auch zu dem Resultate, dass die Dialyse bei der Untersuchung des Honigs selbst dann unbrauchbar ist, wenn man den Dialysator von Hänle benutzt.

B. Fischer beschäftigt sich mit der Sendele'schen und mit der Amthor'schen Arbeit. Nachdem B. F. das Gutachten Hänles über den von Amthor gefälschten Honig wiedergegeben hat, sagt er:

> „Damit hält Amthor, und zwar in Verbindung mit den absprechenden Beurteilungen, welche das empfohlene Verfahren bis jetzt erfahren hat, für erwiesen, dass die Methode von Hänle nicht imstande ist, Zusätze von Stärkesirup im Honig mit Sicherheit nachzuweisen."

Zum Schluss sagt er:

> „Wir knüpfen an diese Mitteilung den Wunsch an, es möge sich diese von Sendele beliebte drastische Art der Beweisführung bei uns nicht einbürgern, denn „wer Anderen eine Grube gräbt — —" (!!)

Zu dem Vorstehenden bemerken wir:

1) Das von Hänle empfohlene Verfahren ist nicht nur absprechend beurteilt worden, sondern seine Unbrauchbarkeit ist durch Zahlen derartig bewiesen, dass es dieser Art der Beweisführung allerdings nicht bedurft hätte. Wir halten dieselbe unter den vorliegenden Umständen aber für durchaus angebracht.

2) Es wäre wünschenswert, dass Arbeiten, wie die Hänle'sche und die Sendele'sche, in Zukunft weniger nach den in denselben vor-

---

*) Zeitschrift des allgem. österr. Apotheker-Vereins. 1891, 339—342.
**) Pharmaceutische Zeitung. 1893, 110.

handenen Redensarten und Behauptungen, dagegen mehr nach den Beweisen, welche sie enthalten oder auch nicht enthalten, beurteilt würden.

Morphin.

Nach wie vor hat die Helfenberger Morphin-Bestimmungsmethode das Feld behauptet und immer weitere Anerkennung gefunden. So ist sie auch von der neuen Pharmacopoea Danica mit ganz unwesentlichen Abänderungen aufgenommen worden.

Mit Ausnahme der von Partheil angegebenen Titrierung des ausgeschiedenen Morphins mit Jodeosin als Indikator, welche wir schon oben besprochen haben*), sind keine neuen Vorschläge zur Morphinbestimmung gemacht worden. Wir glauben diese Thatsache als einen Beweis dafür auffassen zu dürfen, dass die Helfenberger Bestimmungsmethode allen Anforderungen entspricht.

Oleum Cacao.

Im letzten Jahre kamen zahlreiche Proben Cacaoöl zur Untersuchung. Wir erhielten die nebenstehenden Zahlen.

Mit Ausnahme der Säurezahl, welche in einigen Fällen etwas hoch liegt, halten sich die Werte in normalen Grenzen.

Die Bestimmung des spezifischen Gewichtes werden wir in Zukunft fallen lassen, da sie für die Beurteilung des Öles zu wenig Wert hat.

In der Versammlung der „British Pharmaceutical Conference" des Jahres 1892 machte Maltby Clague**) darauf aufmerksam, dass der Schmelzpunkt des Cacaoöles je nach der vorhergehenden Erhitzung ein verschiedener sei. Wir haben diese Angaben nachgeprüft und den Schmelzpunkt bestimmt:

1. nachdem wir das Öl nur eben solange erhitzt hatten, dass es eine klare Flüssigkeit bildete;

---

*) Seite 42.
**) Pharmaceutische Zeitung 1892, 543.

Schmelzpunkt ⁰ C	Spez. Gew. b. 15⁰ C	Säurezahl	Jodzahl
30,0	0,977	11,76	31,91
29,0—29,5	0,976	10,64	32,78
29,0	0,971	10,08	32,04
29,5	0,970	10,08	32,05
29,0	0,976	10,08	31,89
28,5	0,977	11,20	31,68
29,0—29,5	0,968	12,13	34,68
29,0	0,970	14,00	35,56
28,5—29,0	0,977	12,13	36,20
33,0	0,970	16,24	32,11
32,0—32,5	0,970	18,48	33,03
32,0—32,5	0,970	14,56	33,42
32,5	0,970	16,80	31,42
33,5	0,970	15,68	29,56
32,5	0,970	16,80	29,95
29,0	—	22,40	34,58
28,5	—	21,47	36,82
28,5	0,971	10,27	32,82
29,5	—	18,67	33,90
29,5	—	17,73	33,40
33,0	—	24,64	36,81
30,0	—	22,40	36,83
31,0	—	19,04	34,87
31,0	—	13,44	34,19
28,5—33,5	0,968—0,977	10,08—24,64	29,56—36,83

2. nachdem wir es 5 Minuten,

3. $^1/_2$ Stunde der Temperatur des Dampfbades ausgesetzt hatten;

4. nachdem wir es 5 Minuten auf freier Flamme erhitzt hatten.

In allen 4 Fällen bestimmten wir den Schmelzpunkt je mit einer engen und mit einer weiten Kapillare. Wir erhielten die nachstehenden Zahlen:

Schmelzpunkt ^{0}C

		I	II	III	IV
weite	Kapillare	28,5	29,5	29,0	28,5
enge	„	29,0	30,0	29,5	29,0.

Die Unterschiede zwischen den vorstehenden Zahlen sind so gering, dass sie auch durch andere Umstände als durch das Erhitzen z. B. durch nicht ganz gleichweite Kapillaren bedingt sein können.

Oleum Nucistae.

Wir hatten im letzten Jahre Gelegenheit eine Anzahl Muster Muskatbutter zu untersuchen. Die betreffenden Untersuchungen erstreckten sich auf die Bestimmung des Schmelzpunktes, der Säure-, Ester-, Verseifungs- und Jodzahl.

Wir erhielten die nachstehenden Werte:

Schmelz-punkt	Säurezahl	Esterzahl	Verseifungszahl	Jodzahl
38,5–39,0	17,25	161,00	178,25	45,32
42,5	19,60	153,53	173,13	42,71
43,0	18,67	153,53	172,20	40,14
42,5–43,0	18,67	155,87	174,54	41,38
39,0	21,93	154,00	175,93	52,04
38,5–39,0	22,80	155,87	178,67	48,60
38,5–43,0	17,25–22,80	153,53–161,00	172,20–178,67	40,14–52,04

Wenn man bedenkt, dass man im Oleum Nucistae ein Gemenge von Fett, ätherischem Öle und Farbstoff vor sich hat, so sind die Schwankungen der Säure-, Ester- und Verseifungszahlen als verhältnismässig gering zu bezeichnen. Jedenfalls bieten dieselben einen besseren Anhaltspunkt für die Beurteilung der Muskatbutter, als der Schmelzpunkt, welchen das deutsche Arzneibuch auf 45—51^0 festsetzt, ohne die Methode, nach welcher derselbe bestimmt werden soll, anzugeben.

Die Jodzahl zeigt zu grosse Schwankungen.

Oleum Olivarum.

Bei der Untersuchung des Olivenöles beschränkten wir uns wie bisher im allgemeinen auf die Jodzahl und die Elaïdinprobe. In einigen Fällen prüften wir auch auf Sesamöl nach der von Ambühl*) empfohlenen Methode. Es gelang uns aber in keinem Falle Sesamöl nachzuweisen. Auf das Verfahren selber werden wir weiter unten zurückkommen.

Die Jodzahlen schwankten bei Oleum Olivar. prov. zwischen

80,78 und 85,57

und bei Oleum Olivar. viride zwischen

80,87 und 83,57.

Die Elaïdinprobe konnte bei Ol. Olivarum prov. in allen Fällen, bei Oleum Olivarum viride mit Ausnahme von 3 Fällen als genügend oder gut bezeichnet werden.

Die 3 Öle mit der ungenügenden Elaïdinprobe wurden als verdächtig zurückgewiesen. —

Die seinerzeit von Baudouin zum Nachweis von Sesamöl im Olivenöl angegebene Reaktion (Rotfärbung einer Zucker-Salzsäurelösung durch Sesamöl) empfiehlt G. Ambühl*) in der folgenden Weise auszuführen:

„Man löst 0,1—0,2 g weissen Zucker in 20 ccm Salzsäure mit dem spez. Gew. 1,18, fügt 10 ccm Öl hinzu und schüttelt kräftig durch. Sesamöl giebt sich durch eine intensive Rotfärbung der sich abscheidenden Zucker-Salzsäurelösung zu erkennen."

Nach den Angaben des Verfassers färbt sich die Zucker-Salzsäurelösung bei Oliven-, Baumwollensamen- und Erdnuss-Öl allmählich nur schmutzig gelbbraun. Nur die Bariöle machen eine Ausnahme. Sie geben der Zucker-Salzsäurelösung eine rötliche Färbung, welche an Stärke ungefähr der gleichkommt, welche ein mit $10\,^0/_0$ Sesamöl gefälschtes Olivenöl bewirkt.

Wir haben die vorstehenden Angaben einer eingehenden Nachprüfung unterzogen und noch eine Anzahl anderer Öle, z. B. auch erhitztes Sesamöl mit in den Bereich unserer Versuche gezogen.

Die nachstehende Zusammenstellung enthält die erzielten Resultate:

*) Süddeutsche Apotheker-Zeitung 1892, 307.

Olea	Färbung der Salzsäure sofort nachdem sich Öl und Säure getrennt haben	Färbung der Salzsäure 10 Minuten nach der Trennung des Öles von der Säure
Oleum Sesami	rot	intensiv rot
„ „ , erhitzt	„	„ „
„ Olivar. prov. $+ 10\,^0/_0$ Ol. Sesami	sehr schwach rot	rot
„ „ viride „ „ „	schwach rot	„
„ Gossypii	fast farblos	gelblich
„ Helianthi	gelblich	gelbbraun
„ Iuglandis	gelbbraun	„
„ Lini	fast farblos	„
„ „ , alt	„ „	„
„ Olivar. comm.	„ „	gelblich
„ „ „	„ „	gelbbraun
„ „ „	„ „	gelblich
„ „ „	„ „	gelblich
„ „ „	„ „	gelbbraun
„ „ „ , alt	gelbbraun	„
„ „ prov.	„ „	rot
„ „ „ , alt	„ „	fast farblos
„ „ „	„ „	„ „
„ Papaveris	fast farblos	gelbbraun
„ Raparum, ungereinigt	„ „	„
„ Ricini	„ „	„

Ausser Sesamöl und mit Sesamöl gefälschtem Olivenöle färbten alle Öle mit Ausnahme eines Olivenöles die Salzsäure nach 10 Minuten höchstens gelbbraun. Ob die schwache Rotfärbung des einen Olivenöles auf einen Gehalt an Sesamöl zurückzuführen ist, lassen wir dahin gestellt. Jedenfalls dürfte die Fälschung dann unter 10 $^0/_0$ betragen, da die mit 10 $^0/_0$ Sesamöl gefälschten Olivenöle sofort nach der Trennung des Öles von der Säure die letztere schwach rot färbten.

Auf Grund der vorstehenden Untersuchungsresultate können wir die von Ambühl angegebene Modifikation zum Nachweis von Sesamöl mit Zucker- und Salzsäure, wenn auch nicht immer als durchaus zuverlässiges, so doch als ganz brauchbares Hilfsmittel bei der Untersuchung des Olivenöles empfehlen.

Oleum Ricini.

Im letzten Jahre kamen 4 Muster Ricinusöl zur Untersuchung. Dieselben ergaben die Jodzahlen

$$84{,}67 \qquad 82{,}38$$
$$83{,}57 \qquad 84{,}66.$$

Da die Öle auch den Anforderungen des Deutschen Arzneibuches III entsprachen, so waren sie nicht zu beanstanden.

Wir bestimmten auch die Säure-, Ester- und die Verseifungszahl der acetylierten Fettsäuren des einen Ricinusöles. Drei nebeneinander ausgeführte Versuche ergaben die nachstehenden Werte:

Acetylsäurezahl	Acetylesterzahl (Acetylzahl)	Acetylverseifungszahl
144,32	161,33	305,65
143,92	160,37	304,29
144,74	161,17	305,91

Bei der Untersuchung von Ricinusöl kann die Acetylzahl ganz brauchbare Anhaltspunkte liefern. Wir glauben aber kaum, dass sie sich in der Praxis einbürgern wird, da die Ausführung der Bestimmung ziemlich umständlich ist.

Pulpa Tamarindorum.

Im letzten Jahre kamen eine Anzahl Proben gereinigtes und rohes Tamarindenmus zur Untersuchung. Wir erhielten die umstehenden Zahlen.

Ausser den offizinellen Calcutta- und Madras-Tamarinden enthält die Tabelle auch 2 Muster Barbados-Tamarinden. Die letzteren unterscheiden sich schon äusserlich ganz wesentlich von den beiden anderen Handelsmarken. Sie bilden eine bedeutend hellere und weichere Masse mit sehr wenig Kernen, aber mit zahlreichen Fruchtstielen. In der Zusammensetzung unterscheiden sie sich von der Calcutta- und Madrasmarke besonders durch den bedeutend niedrigeren Säuregehalt. Zucker- und Extraktgehalt scheinen sehr zu schwanken.

Pulpa Tamarindorum.

Pulpa	% Wasser	% Säure	% Zucker	% Cellulose	% Asche
	40,40	9,94	41,20	3,50	2,25
	38,22	10,31	44,25	2,80	1,90
	37,00	10,13	45,58	3,05	2,25
	34,50	10,13	47,00	3,35	1,95
	43,95	10,50	39,02	3,35	2,00
	40,75	10,50	41,64	3,30	1,85
	33,50	11,62	47,52	3,20	2,30
depurata	36,15	11,06	46,00	3,55	1,95
	37,10	9,94	45,98	3,35	2,00
	34,25	11,63	45,58	2,95	2,10
	39,10	10,50	42,56	3,05	2,15
	40,25	11,06	43,28	2,90	2,10
	38,00	11,06	42,68	3,05	1,95
	37,15	10,13	45,60	2,75	2,00
	37,50	10,69	44,72	2,95	2,15
	23,95	13,13	53,53	4,05	2,30
	22,92	14,06	53,09	4,20	2,07
depurata conc.	26,40	13,13	50,98	3,65	2,25
	20,00	12,38	58,24	3,45	1,65
	19,10	13,50	58,66	3,70	2,37
				% Extrakt	
cruda — Madras	—	11,40	25,50	43,30	—
	—	12,38	27,99	48,35	—
	—	9,55	33,46	48,42	—
Calcutta	—	10,95	27,11	44,85	—
	—	11,18	24,76	34,49	—
	—	11,78	28,61	50,05	—
	—	12,38	30,66	67,65	—
Barbados	—	3,60	46,82	52,70	—
	—	5,20	28,91	41,00	—

Pulveres.

Beim Untersuchen der Pulver erhielten wir die folgenden Zahlen:

Pulvis	$^o/_o$ Wasser	$^o/_o$ Asche	Kalium-carbonat in 100 Asche
Cantharid. officin	12,45	6,55	—
„　　　„　.	7,30	10,55	—
„　　　„　.	8,85	8,20	—
„　chin.	11,40	4,00	—
folior. Senn. Alexandr.	7,55	9,20	—
„　　„　　„　.	9,70	14,70	21,12
„　　„　　„　.	14,15	15,75	5,47
„　　„　　„　.	8,05	15,25	11,65
„　　„　Tinevelly	14,50	9,70	10,66
„　　„　　„　.	7,75	10,80	22,36
„　　„　　„　.	7,85	11,30	12,52
herb. Conii	7,15	18,60	29,62
„　Digitalis	11,05	12,85	16,78
„　　„　.	6,40	11,25	39,86
rad. Iridis	12,05	4,55	34,07
„　Liquiritiae	6,75	5,60	Spuren
„　　„　.	13,50	4,80	14,59
„　　„　.	5,75	5,30	11,30
„　Rhei	12,00	8,30	16,90
„　　„　.	5,60	8,40	31,80
„　　„　.	5,05	8,20	28,19

Die vorstehenden Zahlen entsprechen im allgemeinen denjenigen, welche wir in den früheren Jahren erhielten.

Sapones.

Im letzten Jahre haben wir bei allen Seifen nach der in den Annalen 1891 angegebenen Methode das freie Alkali bestimmt. Wir erhielten die nachstehenden Werte:

	% Gesamtalkali		% Gesamtalkali
Sapo medic. D. A. III	0,28		0,73
	1,01		1,17
	0,25		1,51
	0,14		1,29
Sapo oleïnic.	0,11	Sapo kalin. ad spir. sap.	1,37
	0,53		1,06
	0,36		0,92
	0,28		0,78
Sapo stearinicus	0,78		0,17
	0,62		0,28
	0,67		0,28
	0,78		0,19
	0,64		0,64
	0,67		0,34
	0,90	Sapo kalinus D. A. III	0,11
	0,73		0,22
	0,89		0,28
	0,56		0,17

Neben der Bestimmung des Gesamtalkalis wurden bei Sapo medicatus D. A. III und Sapo kalinus D. A. III natürlich auch die entsprechenden Prüfungen des Deutschen Arzneibuches III ausgeführt.

Wir haben schon früher darauf aufmerksam gemacht, dass eine Seife, welche die von dem Deutschen Arzneibuche vorgeschriebene Alkaliprobe aushält, immer etwas freie Fettsäure enthalten muss und dass eine derartige Seife sehr leicht ranzig wird. Die Probe selbst hat aber auch zwei Unannehmlichkeiten.

1. Das Lösen von 1 g Seife in 5 ccm Weingeist bei gelinder Wärme ist kaum möglich oder mindestens eine sehr starke Geduldsprobe.

2. Die Lösung reagiert um so alkalischer, je heisser sie ist. Ob die Seife als dem Deutschen Arzneibuche III entsprechend zu bezeichnen ist, hängt also unter Umständen ganz von der Temperatur der Lösung ab, mit welcher die Probe ausgeführt wird. Wir möchten uns den Vorschlag erlauben, die Phenolphthaleïnprobe in der folgenden Weise umzuändern:

Löst man 1 g Sapo medicatus in 10 ccm Weingeist, so darf die auf 50⁰ C abgekühlte Lösung nach Zusatz von 0,5 ccm $^1/_{10}$ Normal-Salzsäure durch 1 Tropfen Phenolphtaleïnlösung nicht gerötet werden."

Sebum.

Im letzten Jahre kamen 42 Proben Hammeltalg und 3 Proben Rindstalg zur Untersuchung. Die betreffenden Resultate sind in der nachstehenden Tabelle zusammengestellt:

Sebum	Schmelzpunkt ⁰C	Jodzahl	Säurezahl
	47,5⁰C	37,55	1,12
	48,0	34,93	1,59
	50,0	35,51	4,2
	48,5	38,81	3,92
	49,0—49,5	37,94	4,11
	48,5—49,0	37,93	1,21
	48,5—49,0	33,81	1,49
	48,5	37,79	1,49
ovile Germanic.	50,0	36,43	1,31
	48,5	36,10	1,06
	51,5	32,46	1,87
	47,5	38,67	2,89
	49,0	35,78	5,23
	49,0	37,72	3,17
	47,5—48,0	35,45	0,93
	49,0	38,36	0,93
	48,0	33,86	0,84

Sebum	Schmelzpunkt °C	Jodzahl	Säurezahl
	48,5	36,53	0,84
	48,5 – 49,0	36,49	1,21
	49,0	34,64	2,24
	48,0	38,96	3,70
	49,0	39,55	2,89
	47,5—48,0	39,21	3,27
	49,0	39,54	3,73
	48,0	38,68	3,55
	48,5	41,29	4,01
	47,5	39,53	4,01
ovile Germanic.	48,0	39,81	4,29
	49,5	35,60	0,84
	49,0—49,5	35,74	2,43
	49,0	34,95	1,12
	49,5	35,58	2,33
	49,0	34,48	1,21
	44,5	35,78	0,93
	48,5	36,03	1,12
	48,5—49,0	36,91	1,03
	47,5—48,0	37,83	1,03
	48,5	39,91	1,12
	44,0—44,5	44,54	7,84
ovile Austral.	44,0—44,5	43,79	7,28
	48,0—48,5	43,43	1,96
	45,5	40,52	3,73
bovinum Germanic.	44,5—45,0	41,72	4,85
	46,5	36,98	1,21

Der Schmelzpunkt liegt bei allen Proben in normalen Grenzen, ebenso die Jodzahl des deutschen Talges. Die Jodzahl des australischen Talges, von dem wir uns Muster verschafften, liegt dagegen nicht unbedeutend höher. Ob diese Zahlen auf eine Fälschung zurückzuführen sind, lassen wir dahingestellt. Die Säurezahl ist zum Teil sehr hoch. Wir würden, wenn wir ausgelassenen Talg zu kaufen genötigt wären, einen solchen, dessen Säurezahl höher als 2 liegt, immer ablehnen, wenn er auch sonst vollständig normal wäre.

Semen Sinapis.

Die seiner Zeit von A. Schuster und Mecke*) veröffentlichte Mitteilung, nach welcher die Verfasser im Raps infolge eines halbstündlichen Erwärmens auf etwa 70 ° C ungefähr 2 $^1/_2$ mal so viel Senföl gefunden hatten als vor dem Erwärmen, veranlasste uns mit Senfsamen ähnliche Versuche anzustellen. Wir benutzten hierzu ganzen Senf, gequetschten Senf und entöltes Senfpulver.

Die Bestimmungen wurden in der nachstehenden Weise ausgeführt.

Je 5 g Senfsamen, gequetschten Senf oder entöltes Senfmehl erhitzten wir zunächst 1 Stunde lang auf 30, 50, 80 oder 100 ° C, spülten dann den gequetschten Senf und das Senfpulver direkt, den ganzen Senfsamen nach dem Zerquetschen mit 100 ccm Wasser in einen etwa 200 ccm fassenden Kolben, liessen 2 Stunden verschlossen stehen, setzten 10 g Alkohol hinzu und destillirten nun ungefähr $^2/_3$ der Flüssigkeit ab. Das Destillat fingen wir in 20 g Ammoniakflüssigkeit auf, setzten einen Überschuss von Silbernitratlösung hinzu, füllten auf 100 ccm auf und stellten 24 Stunden beiseite. Das Schwefelsilber sammelten wir auf einem gewogenen Filter, wuschen zunächst mit ammoniakhaltigem und dann mit reinem Wasser gut aus, trockneten und wogen.

Das Gewicht des Schwefelsilbers ergiebt mit 0,4301 multipliziert die Senfölmenge.

Wir erhielten die nachstehenden Zahlen:

$^0/_0$ Senföl

	Nicht entölter		Entölter Senf
	ganzer Senf	gequetschter Senf	
nicht erhitzt . .	0,728	0,920	1,385
30°C erhitzt .	0,723	—	1,380
50°C „ .	0,757	0,903	1,471
80°C „ .	0,740	0,876	1,449
100°C „ .	—	—	1,462

*) Chemiker Zeitung 1892, 1954.

Die vorstehenden Zahlen entsprechen nicht dem nach den Angaben von Schuster und Mecke zu erwartenden Resultate.

Der ganze Senf und das Senfpulver zeigen allerdings nach dem Erhitzen einen etwas höheren Gehalt an Senföl, die Unterschiede sind aber zu gering, als dass irgend welche Folgerungen an dieselben geknüpft werden könnten. Bei dem in gequetschtem Zustande erhitzten Senf erhielten wir sogar etwas niedrigere Zahlen, als ohne Erhitzen.

Tincturae.

Auch im letzten Jahre haben wir wieder jede einzelne Tinktur, welche hier dargestellt wurde, untersucht.

Wir erhielten die folgenden Zahlen:

Tinctura	Spez. Gew.	% Trocken-rückstand	% Asche	Säurezahl	% Alkaloide
Absinthii	0,906	2,72	0,34	—	—
„	0,906	3,05	0,44	20,72	—
Aconiti	0,905	2,45	0,10	14,0	—
Aloës	0,880	11,80	0,04	—	—
„	0,868	8,77	0,04	—	—
amara	0,918	5,42	0,17	18,20	—
„	0,911	4,94	0,17	24,64	—
„	0,911	3,96	0,14	16,24	—
Arnicae	0,902	1,66	0,20	7,28	—
„	0,901	1,47	0,15	15,12	—
„	0,903	2,00	0,22	14,28	—
„	0,904	2,19	0,22	18,28	—
„ dupl. . . .	0,908	3,60	0,30	25,76	—
„ „ . . .	0,908	3,62	0,39	28,84	—
aromatica	0,905	1,99	0,20	14,00	—
„	0,901	1,56	0,10	13,72	—
Asae foetidae . . .	0,843	3,34	0,04	30,24	—

Tinctura	Spez. Gew.	% Trocken-rückstand	% Asche	Säurezahl	% Alkaloide
Asae foetidae . . .	0,852	6,54	0,01	—	—
Aurantii	0,921	8,26	0,16	21,84	—
Benzoës venalis . .	0,875	14,87	0,01	86,80	—
„ „ . .	0,877	15,24	0,01	83,16	—
„ „ . .	0,877	14,86	0,00	116,20	—
„ „ . .	0,864	10,18	0,00	61,60	—
Calami	0,907	3,18	0,23	8.96	—
Cannabis	0,843	3,48	0,39	6,72	—
Cantharidum . . .	0,838	2,04	0,14	26,32	—
Cascarillae	0,902	1,74	0,08	8,68	—
„	0,901	2,04	0,05	10,08	—
Catechu	0,940	11,32	0,16	—	—
Chinae	0,913	4,76	0,12	—	—
„	0,911	4,30	0,15	—	—
„ comp. . . .	0,919	5,57	0,12	—	—
„ „ . .	0,916	5,27	0,10	—	—
„ „ . . .	0,922	5,22	0,14	—	—
„ „ . . .	0,914	4,53	0,11	—	—
Chinioïdini	0,926	8,88	0,01	—	—
Cinnamomi	0,905	1,71	0,05	—	—
„	0,899	1,63	0,05	—	—
Colchici . . , . . .	0,898	1,30	0,07	10,92	—
Colocynthidis . . .	0,836	0,49	0,00	1,40	—
Colombo	0,908	2,27	0,19	—	—
Digitalis D. A. III	0,932	1,93	0,32	8,40	—
Ferri pomata . . .	1,025	7,73	1,13	—	—
„ „ . . .	1,027	7,50	1,14	—	—
„ „ . . .	1,029	7,38	1,06	—	—
Gentianae	0,926	7,71	0,08	14,56	—
„	0,916	5,26	0,07	16,24	—
Guajaci	0,886	16,50	0,02	—	—
Ipecacuanhae . . .	0,902	1,45	0,09	7,56	—
Lobeliae	0,900	1,21	0,13	8,12	—
Myrrhae	0,849	5,65	0,03	15,68	—
„	0,847	4,11	0,02	16,52	—
„	0,847	3,88	0,01	14,00	—

Tinctura	Spez. Gew.	% Trockenrückstand	% Asche	Säurezahl	% Alkaloide
Opii benzoica . . .	0,900	0,45	0,01	89,60	—
„ „ . . .	0,903	0,44	0,01	98,00	—
„ crocata . . .	0,982	6,92	0,33	—	1,07
„ „ . . .	0,983	6,32	0,33	—	0,97
„ „ . . .	0,981	6,26	0,33	—	1,00
„ simpl.	0,976	4,90	0,18	—	1,14
„ „	0,975	4,74	0,20	—	0,99
„ „	0,975	4,37	0,18	—	1,05
Pimpinellae	0,908	3,72	0,18	10,36	—
„	0,910	3,72	0,19	11,20	—
Pini composita . .	0,907	3,31	0,10	18,20	—
Ratanhiae	0,923	6,64	0,07	—	—
Rhei aquosa . . .	1,015	4,78	1,39	—	—
„ vinosa . . .	1,064	20,31	0,57	—	—
„ „ . . .	1,061	19,37	0,56	—	—
Scillae	0,947	12,57	0,10	5,04	—
Secalis cornuti . .	0,899	0,86	0,19	6,72	—
Strophanti.	0,899	1,23	0,07	5,04	—
„	0,899	1,41	0,07	6,16	—
Strychni.	0,899	1,14	0,02	9,24	0,26
Valerianae.	0,910	3,82	0,25	18,48	—
„	0,908	3,51	0,16	12,88	—
„ aether .	0,815	1,06	0,03	10,36	—
„ „ .	0,819	1,62	0,01	14,00	—
Vanillae	0,922	4,22	0,41	—	—
Zingiberis	0,904	1,20	0,23	1,96	—

Die in der vorstehenden Tabelle angegebenen Werte entsprechen den in früheren Jahren erhaltenen.

* * *

Nach einer Angabe von H. Andres*) soll die Digestion bei der Darstellung der Tinkturen der Perkolation vorzuziehen sein.

---

*) Apotheker-Zeitung 1893, Rep. 31.

Diese Angabe veranlasste uns, mit Tinctura Opii und Tinctura Strychni 4 vergleichende Versuche anzustellen, dieselben ergaben die nachstehenden Resultate:

	Tinctura Opii		Tinctura Strychni	
	Mazeriert	Perkoliert	Mazeriert	Perkoliert
Spez. Gew. b. 15^0 C	0,977	0,983	0,899	0,904
$^0/_0$ Trockenrückstand	5,16	6,26	1,13	1,52
$^0/_0$ Asche	0,21	0,26	0,04	0,03
$^0/_0$ Alkaloide	1,17	1,28	—	—

Die vorstehenden Zahlen beweisen, dass nicht die Digestion sondern die Perkolation bei der Darstellung der Tinkturen den Vorzug verdient.

*   *   *

Schon im vorigen Jahre hatten wir darauf hingewiesen, dass für die Beurteilung einer Tinktur in erster Linie das Verhältnis zwischen Trockenrückstand und spez. Gew. in Betracht komme. Um nun festzustellen, wie weit dies auch bei Tinkturen aus anderen Quellen zutreffe, haben wir mit einer Anzahl von uns und von 3 anderen Firmen dargestellter Tinkturen vergleichende Untersuchungen ausgeführt. Ausser spez. Gew., Trockenrückstand, Asche und Alkaloiden haben wir von jeder Tinktur auch noch den Alkoholgehalt bestimmt. Die Bestimmung des letzteren führten wir in der Weise aus, dass wir 100 ccm Tinktur von 15^0 C bis fast zur Trockne abdestillierten, das Destillat bei 15^0 C auf 100 ccm mit Wasser auffüllten und dann das spez. Gew. bestimmten. Das letztere ergab so direkt den Alkoholgehalt der betreffenden Tinktur.

Selbstverständlich hat diese Bestimmungsmethode bei Tinctura aromatica und überhaupt bei allen Tinkturen, welche ätherische Öle oder andere mit Wasser- und Alkoholdämpfen flüchtige Substanzen enthalten, nur bis zu einem gewissen Grade Anspruch auf Genauigkeit, da diese Körper natürlich das spez. Gew. des Alkohols beeinflussen. Die erzielten Werte haben wir in der nachstehenden Tabelle zusammengestellt. Mit H sind die Helfenberger, mit A, B und C die Tinkturen der drei anderen Firmen bezeichnet.

Tinctura	Spez. Gew.	% Trocken-rückstand	% Asche	% Alkaloide	Vol. % Alkohol
amara H	0,9114	3,96	0,14	—	66,08
„ A	0,9155	3,23	0,14	—	63,83
„ B	0,9270	3,77	0,14	—	59,73
„ C	0,9202	3,81	0,12	—	62,17
Arnicae H	0,9035	1,83	0,20	—	66,73
„ A	0,8997	0,79	0,10	—	67,08
„ B	0,9158	1,56	0,22	—	61,41
„ C	0,8915	1,15	0,09	—	71,00
aromatica H . . .	0,9015	1,24	0,11	—	66,50
„ A . . .	0,9041	1,45	0,14	—	65,29
„ B . . .	0,9069	1,23	0,11	---	64,65
„ C . . .	0,9149	1,57	0,10	—	61,45
Benzoës H	0,8830	14,11	0,01	—	77,15
„ A	0,8537	10,54	0,01	—	86,17
„ B	0,8777	13,37	0,02	—	80,33
„ C	0,8691	12,10	0,01	—	79,78
Chinae H	0,9120	4,25	0,15	—	65,67
„ A	0,9025	2,67	0,09	—	68,08
„ B	0,8980	4,48	0,14	—	71,56
„ C	0,8985	2,60	0,07	—	69,56
„ comp. H .	0,9185	4,61	0,10	—	62,65
„ „ A .	0,9240	4,67	0,15	---	61,55
„ „ B .	0,9179	5,01	0,10	—	64,35
„ „ C .	0,9061	4,22	0,06	—	68,67
Gallarum H . . .	0,9536	12,84	0,17	—	61,64
„ A . . .	0,9220	7,32	0,12	—	66,33
„ B . . .	0,9347	9,05	0,14	—	63,70
„ C . . .	0,9506	11,56	0,14	—	61,55
Myrrhae H	0,8466	4,99	0,01	—	85,90
„ A	0,8285	3,85	0,01	—	90,50
„ B	0,8486	5,61	0,02	—	84,36
„ C	0,8344	3,16	0,01	—	89,22

Tinctura	Spez. Gew.	% Trocken-rückstand	% Asche	% Alkaloide	Vol. % Alkohol
Opii crocata H . .	0,9840	6,15	0,33	0,960	32,68
„ „ A . .	0,9810	4,57	0,36	0,809	35,07
„ „ B . .	0,9848	6,47	0,39	0,752	33,61
„ „ C . .	0,9840	5,67	0,30	1,042	32,61
„ spl. H	0,9751	4,30	0,16	1,035	33,77
„ „ A	0,9707	4,09	0,27	0,903	37,07
„ „ B	0,9828	3,92	0,25	0,682	27,73
„ „ C	0,9774	4,90	0,16	1,135	34,33
Pimpinellae H . .	0,9057	2,49	0,11	—	66,42
„ A . .	0,9003	1,82	0,08	—	67,92
„ B . .	0,9041	1,98	0,12	—	67,00
„ C . .	0,8991	2,73	0,10	—	69,56
Strychni H . . .	0,8993	1,22	0,04	0,195	67,13
„ A	0,9119	0,93	0,03	0,109	61,68
„ B	0,8969	1,10	0,01	0,162	68,38
„ C	0,9017	1,13	0,02	0,162	66,08
Valerianae H . . .	0,9121	3,52	0,13	—	65,67
„ A . . .	0,9206	1,45	0,15	—	59,23
„ B . . .	0,9088	1,96	0,07	—	64,57
„ C . . .	0,9144	1,69	0,10	—	61,91

Die in der obigen Tabelle enthaltenen Zahlen zeigen untereinander im allgemeinen nur verhältnismässig geringe Abweichungen. Nichtsdestoweniger dürfte ein Vergleich der verschiedenen Zahlen wieder bestätigen, dass für die Beurteilung einer nicht alkaloidhaltigen Tinktur Trockenrückstand und spez. Gew. in erster Linie in Betracht kommen. Das Verhältnis beider zu einander gestattet auch einen ziemlich sicheren Schluss auf den richtigen Alkoholgehalt. Die am wenigsten normalen Zahlen zeigen die Tinkturen von den Firmen A und B. Besonders auffällig ist der niedrige Alkaloidgehalt der Tinctura Opii croc. und spl. beider Firmen.

Der Alkoholgehalt der von uns dargestellten Tinkturen hält sich im allgemeinen in ziemlich engen Grenzen, während derselbe bei den Tinkturen der anderen Firmen fast durchweg viel grössere Schwankungen zeigt. Der Gehalt an Vol. % Alkohol ist naturgemäss im allgemeinen etwas geringer, als der des angewandten Alkohols, da während der Bereitung immer unvermeidliche Verluste entstehen. Da diese Verluste je nach Temperatur u. s. w. nicht immer gleichmässig sind, so möchten wir uns den Vorschlag erlauben in einer neuen Auflage des Deutschen Arzneibuches bei jeder Tinktur vorzuschreiben, dass sie mit verdünntem bezw. unverdünntem Alkohol auf diese oder jene Gewichtsmenge zu bringen ist. Unserer Überzeugung nach würde die Gleichmässigkeit der Tinkturen dadurch nur gewinnen und die Untersuchung erleichtert werden.

Unguentum Hydrargyri cinereum.

Eine neue Methode zur Bestimmung von Quecksilber in der grauen Salbe ist von Boyeldieu*) angegeben worden. Nach derselben soll man 10 g graue Salbe fünf Minuten lang mit einer Mischung von 5 ccm Natronlauge (36°), 5 ccm Alkohol (90 %) und 150 ccm Wasser kochen. Das am Boden angesammelte Quecksilber soll man noch zweimal mit der obigen Mischung auskochen, dann mit 30—40 ccm kaltem Äther waschen, mit Filtrierpapier abtrocknen und wiegen.

Eine Salbe, welche nach unserer Methode 32,5 % Quecksilber enthielt, ergab nach den vorstehenden Angaben:

1) 28.71 %   2) 29,64 %   3) 30,11 %

Hiernach können wir das Boyeldieu'sche Verfahren nicht empfehlen. Die Verluste an Quecksilber entstehen dadurch, dass sich dasselbe nach dem Behandeln der Seife mit Natronlauge nur sehr schwer absetzt.

---

*) Pharmaceutische Centralhalle 1892, 722.